Festliegen beim Kalb

von

Hans Stocker

Tectum Verlag
Marburg 2001

Bildnachweis:

Spinale Dysmyelinisierung
Aus: *Schweizer Archiv für Tierheilkunde* (Verlag Hans Huber, Bern):
Abb. 1 und 2; Tabelle 7
Selenkonzentration im Blutserum ...
Aus: *Schweizer Archiv für Tierheilkunde* (Verlag Hans Huber, Bern):
Abb. 1
Chronische Indigestion
Aus: *The Veterinary Record* (1999) Bd. 145, S. 307-311 und S. 340-346.
Tab. 4, 5, 6, 7, 8a-c, 9, 10; Grafik 1 und 2
Klinisch-neurologischer Untersuchungsgang
Aus: Stocker, H.; Steffen, F.; Sicher, D., Rüsch, P.: Spinale Reflexe beim Kalb in den ersten
Lebenswochen. *Tierärztliche Praxis*, 2000; 28 (G): 1-6 (Schattauer Verlag):
Abb. 1-6; Tab. 1

Die Deutsche Bibliothek - CIP-Einheitsaufnahme

Stocker, Hans:
Festliegen beim Kalb
/ von Hans Stocker
- Marburg : Tectum Verlag, 2001
ISBN 3-8288-8334-6

Tectum Verlag
Marburg 2001

Inhaltsverzeichnis

EINLEITUNG

Im Frühling 1990 wurde ein festliegendes Kalb im Alter von fünf Wochen an die Klinik für Geburtshilfe, Jungtier- und Euterkrankheiten der Universität Zürich eingewiesen. Dies wäre an und für sich keine Besonderheit, ausser dass aufgrund der erhobenen Befunde keine Erklärung für das Festliegen gefunden werden konnte. Ausser einer leichtgradigen Bronchopneumonie und einer schwachen Bemuskelung der Gliedmassen konnten keine abnormen Befunde erhoben werden. Das Allgemeinbefinden des Kalbes war ungestört. Im Vergleich zu anderen festliegenden Kälbern war dieses Tier sogar auffallend munter. Auch die Resultate von Laboruntersuchungen führten nicht zu einer Diagnose.

Durch eine computergestützte Literatursuche konnten zwei neuere Arbeiten (HANSEN ET AL., 1988; EL-HAMIDI ET AL., 1989) gefunden werden, die ein Krankheitsbild beschrieben, das mit jenem des erwähnten Patienten eine grosse Ähnlichkeit hatte. Die histopathologische Untersuchung des Kalbes bestätigte den Verdacht, dass es sich um spinale Muskelatrophie (SMA) handelte, eine Erbkrankheit bei Braunviehkälbern, die bis anhin in der Schweiz unbekannt war.

In den folgenden Jahren wurden regelmässig festliegende Kälber durch den Schweizerischen Verband für künstliche Besamung und durch den Schweizerischen Braunviehzuchtverband an unsere Klinik eingewiesen, um SMA-Trägerstiere zu identifizieren. Fünf Jahre später kam eine zweite Erbkrankheit bei Braunviehkälbern, die spinale Dysmyelinisierung (SDM), hinzu. Auch bei dieser Krankheit kommt Festliegen als Leitsymptom vor. Aber auch eine Reihe anderer Krankheiten bei Kälbern, wie die chronische Indigestion oder Durchfallerkrankungen, ging fallweise mit Festliegen einher. Somit wurde "Festliegen beim Kalb" an unserer Klinik zu einem Thema, das die beteiligten Mitarbeiter beinahe täglich beschäftigte. Im Durchschnitt der Jahre 1989-1997 waren 40% der Kälberpatienten an der Klinik für Geburtshilfe, Jungtier- und Euterkrankheiten festliegend (Tabelle 1).

Durch die vertiefte Auseinandersetzung mit der Problematik des Festliegens und durch eigene Untersuchungen auf diesem Gebiet konnten laufend neue Erkenntnisse zu den Differentialdiagnosen hinzugewonnen werden. In der vorliegenden Arbeit sollen daher die wichtigsten Differentialdiagnosen zum Leitsymptom "Festliegen" beim Kalb aufgezeigt und das Resultat eigener Untersuchungen zu einzelnen Differentialdiagnosen vorgestellt werden. Es war das Ziel, einen Beitrag an die Diagnostik der Krankheitsbilder der chronischen Indigestion, der SMA und der SDM und, bei der chronischen Indigestion, auch an die Ergründung der Pathogenese zu leisten. Bei der SMA können die spinalen

Reflexe zum Teil vermindert und bei der SDM können sie gesteigert sein. Da insbesondere über die Altersabhängigkeit der Intensität der spinalen Reflexe aufgrund der Literaturangaben zu wenig Klarheit bestand, wurden Referenzwerte zum Neurostatus bei neugeborenen Kälbern erstellt. In einem weiteren Teil der Arbeit wurden Untersuchungen über den Versorgungsgrad von Kälberpatienten der Klinik für Geburtshilfe und von gesunden Kontrollkälbern mit dem Spurenelement Selen durchgeführt.

Tabelle 1: Anzahl der an der Klinik für Geburtshilfe, Jungtier- und Euterkrankheiten in den Jahren 1989-1997 behandelten Kälberpatienten und Anteil der festliegenden Kälber

Jahr	Total Kälber	Anzahl festliegende Kälber (%)
1989	86	25 (29)
1990	106	34 (32)
1991	91	37 (41)
1992	84	32 (38)
1993	74	24 (32)
1994	108	42 (39)
1995	137	69 (50)
1996	113	42 (37)
1997	85	48 (56)
1989-97	885	353 (40)

Literatur

- El-Hamidi M., Leipold H.W., Vestweber J.G.E., Saperstein G. (1989): Spinal muscular atrophy in Brown Swiss calves. J. Vet. Med. A 36: 731-738.

- Hansen K.M., Krogh H.V., Engel-Moller J., Elleby F. (1988): Liggekalve-syndromet hos RDM. En ny arvelig kvaegsygdom. (The recumbent calf syndrome in Red Danish Milkbreed - A new hereditary disease). Dansk Vet. Tidsskr. 71: 128-132.

DIFFERENTIALDIAGNOSEN

I. Klinikpatienten

Festliegen bedeutet, dass ein Tier nicht aus eigener Kraft aufstehen kann. Die Ursachen sind mannigfaltig. Jungtiere haben niedrige Energiereserven, so dass sie durch eine Krankheit oder infolge mangelhafter Tränkeaufnahme rasch geschwächt werden können. Es gibt aber auch eine Vielzahl von Krankheiten des Nervensystems und des Bewegungsapparates, die zum Festliegen führen können.

In Tabelle 2 wurden die an der Klinik in den Jahren 1989-1997 bei festliegenden Kälbern gestellten Diagnosen oder Verdachtsdiagnosen aufgrund der Krankheitsursache in vier Gruppen eingeteilt:

- Angeborene Erkrankungen und Missbildungen

- Infektionskrankheiten und Entzündungen

- Mangelkrankheiten

- Andere Krankheiten

Die Zuordnung war nicht in allen Fällen unproblematisch. So wurde die Kleinhirnhypoplasie in die Gruppe der angeborenen Erkrankungen/Missbildungen eingeteilt. Da man aber weiss, dass eine transplazentäre Infektion des Rinderfetus durch das BVD-Virus in einer bestimmten Phase der Ontogenese zu einer Kleinhirnhypoplasie führen kann, ist nicht auszuschliessen, dass es sich in diesen Fällen auch um Infektionskrankheiten handelte. Kälber mit Durchfall wurden unter Enteritis aufgeführt, obwohl diese Diagnose nicht in allen Fällen bestätigt werden konnte. Die meisten dieser Kälber dürften wegen einer Azidose und wegen Kräftezerfall festgelegen haben.

Tabelle 2: An der Klinik für Geburtshilfe, Jungtier- und Euterkrankheiten in den Jahren 1989-1997 bei 353 festliegenden Kälbern gestellte Diagnosen oder Verdachtsdiagnosen (Anzahl Fälle)

Angeborene Erkrankungen/ Missbildungen	Infektionskrankheiten/ Entzündungen	Mangelkrankheiten	Andere Krankheiten
Spinale Muskelatrophie (SMA) (71)	Enteritis (39)	Nutritive Muskeldystrophie (NMD) (12)	Chronische Indigestion (43)
Spinale Dysmyelinisierung (SDM) (14)	Pneumonie (35)	Polioenzephalomalazie [Zerebrokortikalnekrose (CCN)] (3)	Frühgeburt/Unreife (18)
Herzmissbildung (4)	Arthritis/Polyarthritis (11)	Hypomagnesämie (2)	ZNS-Erkrankung unklarer Ätiologie (13)
Kleinhirnhypoplasie (2)	Labmagenulkus (8)		Asphyxie (7)
Hydrozephalus (2)	Sepsis (7)		Keine Diagnose (7)
Arachnomelie und Arthrogrypose (SAA) (2)	Meningitis/Enzephalitis (6)		Ileus (6)
Diverse (2)	Peritonitis (6)		Sehnenkontraktur (5)
	Abszess (6)		Blutgerinnungsstörung (2)
	Nabelinfektion (4)		Geburtstrauma (2)
	Perikarditis (2)		Diverse (5)
	Tetanus (2)		
	Nephritis (2)		
	Diverse (3)		
Total 97	Total 131	Total 17	Total 108

Die spinale Muskelatrophie (SMA) war mit Abstand die häufigste Krankheit in unserem Patientengut der Jahre 1989-1997, die zum Festliegen führte (Tabelle 3). Bei jedem fünften festliegenden Kalb wurde die Diagnose SMA gestellt. Mit je 12, 11 und 10 Prozent der Patienten folgten die Diagnosen chronische Indigestion, Enteritis und Pneumonie. Bei den unter "ZNS-Erkrankung unklarer Ätiologie" zusammengefassten Tieren konnte in fünf Fällen bei der histopathologischen Untersuchung lediglich eine Wallersche Degeneration oder eine Axondegeneration im Hirn oder im Rückenmark festgestellt werden. In den restlichen acht Fällen konnten keine pathologisch-anatomischen Veränderungen im Zentralnervensystem festgestellt werden, die die Symptome erklären konnten.

Tabelle 3: Häufigste Diagnosen bei festliegenden Kälbern an der Klinik für Geburtshilfe, Jungtier- und Euterkrankheiten in den Jahren 1989-1997 (n = 353)

Diagnose	Anzahl Kälber (%)
Spinale Muskelatrophie (SMA)	71 (20)
Chronische Indigestion	43 (12)
Enteritis	39 (11)
Pneumonie	35 (10)
Frühgeburt/Unreife	18 (5)
Spinale Dysmyelinisierung (SDM)	14 (4)
ZNS-Erkrankung unklarer Ätiologie	13 (4)
Nutritive Muskeldystrophie (NMD)	12 (3)
Arthritis/Polyarthritis	11 (3)
Übrige	97 (28)

Aus Tabelle 2 geht hervor, dass die Liste der Differentialdiagnosen zum Leitsymptom "Festliegen" beim Kalb lang ist. Sie kann weiter durch Angaben aus der Literatur ergänzt werden. Offensichtlich können viele Krankheiten in einem fortgeschrittenen Stadium ein Kalb derart schwächen, dass es festliegt.

BERCHTOLD ET AL. (1990) ordneten dem Leitsymptom "Festliegen" beim Kalb folgende Ursachen zu: Azidose, Vitamin E-/Selen-Mangel, Sepsis, Kleinhirnaplasie, Zerebrokortikalnekrose, Enzephalomyelitis, Polyarthritis, Rückenmarksabszess, degenerative Myelopathie, Geburtstraumen und "Herzfehler". SCOTT (1995) erwähnte für Kälber, die unmittelbar nach der Geburt festliegen, folgende Differentialdiagnosen: Nervenläsionen, Rückenmarksdysfunktion, kongenitale zentralnervöse Defekte, metabolische Azidose nach verlängerter Geburt, Blutverlust, Darmvorfall infolge einer Nabelhernie und Herzmissbildungen. Bei Kälbern, die erst nach Tagen oder Wochen festliegen, ist gemäss jenem Autor an Darmmissbildungen, metabolische Erkrankungen, infektiöse Erkrankungen und an nutritive Muskeldystrophie zu denken.

In der folgenden Übersicht werden die wichtigsten Krankheiten beschrieben, die laut Literaturangaben zum Festliegen von Kälbern bis zum Alter von drei Monaten führen können. Die Krankheiten wurden wie in Tabelle 2 in vier Gruppen eingeteilt. Besonderes Gewicht wird auf die Beschreibung des klinischen Bildes und die Diagnostik am lebenden Tier gelegt. Ausführlicher wird die Literatur über die chronische Indigestion, die nutritive Muskeldystrophie (NMD), die spinale Muskelatrophie (SMA) und die spinale Dysmyelinisierung (SDM) besprochen, da über diese Krankheiten eigene Untersuchungen durchgeführt wurden.

Literatur

-   Berchtold M., Zaremba W., Grunert E. (1990): Kälberkrankheiten. In: Neugeborenen- und Säuglingskunde der Tiere. Hrsg. Walser K. und Bostedt H., Ferdinand Enke Verlag, Stuttgart, pp. 260-335.
-   Scott P. (1995): Differential diagnosis of recumbency in the neonatal calf. In Practice 17: 162- 165.

II. Angeborene Erkrankungen und Missbildungen

Spinale Muskelatrophie (SMA)

Die bovine spinale Muskelatrophie wurde erstmals durch HANSEN ET AL. (1988) bei Kälbern des Roten Dänischen Milchviehs beschrieben, die von amerikanischen Brown Swiss-Stieren abstammten. Später folgten weitere Berichte aus den USA, Deutschland, Dänemark und der Schweiz (BICHSEL ET AL., 1989; EL-HAMIDI ET AL., 1989; DIRKSEN ET AL., 1992; AGERHOLM UND BASSE, 1994). Es handelt sich primär um eine Erkrankung des zentralen

Nervensystems, die zu einer neurogenen Muskelatrophie vor allem der Gliedmassen führt. Als Folge davon kommt es zu einer progressiven Parese und schliesslich zum Festliegen.

Klinische Befunde

Die ersten Symptome treten in den meisten Fällen im Alter von zwei bis sechs Wochen auf: Die Kälber können nur noch mit Mühe aufstehen und sind ataktisch (HANSEN ET AL., 1988). In der Anfangsphase der Krankheit können sie in der Regel nach Aufstehhilfe während einiger Zeit stehen, bevor sie zitternd wieder zu Boden sinken (HANSEN ET AL., 1988). Im Alter von fünf bis acht Wochen kommt es in der Regel zum Festliegen (EL-HAMIDI ET AL., 1989). Betroffene Kälber können aber auch schon von Geburt an festliegen (NIELSEN ET AL., 1990; TROYER ET AL., 1993; AGERHOLM UND BASSE, 1994). Das bisher älteste beschriebene Kalb mit SMA war 21 Wochen alt (AGERHOLM UND BASSE, 1994). Die Kälber liegen in Brustlage fest, bei ungestörtem Bewusstsein, aber zum Teil gestörtem Allgemeinbefinden (DIRKSEN ET AL., 1992). Die Störung des Allgemeinbefindens ist in den meisten Fällen eine Folge der Dyspnoe. Die Mehrzahl der Patienten weist Anzeichen einer Bronchopneumonie auf. Die Muskelatrophie ist an den Gliedmassen deutlich zu sehen, scheint aber auch die Stammmuskulatur mit einzubeziehen (DIRKSEN ET AL., 1992; TROYER ET AL., 1993). Bei einigen Kälbern wurde auch eine *Neuromyodysplasia* (Arthrogryposis) *congenita* diagnostiziert (DIRKSEN ET AL., 1992; AGERHOLM UND BASSE, 1994). Die spinalen Reflexe können reduziert sein (EL-HAMIDI ET AL., 1989; DIRKSEN ET AL., 1992).

Pathologisch-anatomische und histologische Befunde

Der häufigste makroskopische Befund bei Kälbern mit SMA ist eine Lungenveränderung. Der Anteil der Kälber mit einer interkurrenten Bronchopneumonie beträgt etwa 80 % (EL-HAMIDI ET AL., 1989; DIRKSEN ET AL., 1992; AGERHOLM UND BASSE, 1994).

Die histologische Untersuchung der Gliedmassenmuskulatur zeigt das Bild einer neurogenen Atrophie. DIRKSEN ET AL. (1992) konnten diese Veränderung bei einem Kalb auch in der Zwerchfellmuskulatur nachweisen. Die histologische Untersuchung des Rückenmarks ergibt eine Degeneration und Nekrose von Neuronen in den Ventralhörnern mit Chromatolyse, Karyolyse und Neuronophagie, vor allem in der *Intumescentia cervicalis* und *lumbalis*. Weiterhin wird eine Wallersche Degeneration der weissen Substanz im

13

Rückenmark festgestellt (EL-HAMIDI ET AL., 1989; DIRKSEN ET AL., 1992; AGERHOLM UND BASSE, 1994). Veränderungen im Hirn bestehen aus einer neuronalen Chromatolyse im Hirnstamm (EL-HAMIDI ET AL., 1989) und degenerativen Veränderungen im Thalamus, Mittelhirn und im motorischen Cortex (TROYER ET AL., 1992). Die Elektronenmikroskopie zeigt in der grauen Substanz des Rückenmarks eine Akkumulation von Neurofilamenten im Perikaryon, einen Verlust des rauhen Endoplasmatischen Retikulums und eine Akkumulation degenerierter Zellorganellen (EL-HAMIDI ET AL., 1989; DIRKSEN ET AL., 1992).

Immunhistochemische Befunde

DIRKSEN ET AL. (1992) konnten immunhistochemisch Akkumulationen von Neurofilamenten des Typs 200 kD im Perikaryon und in den Dendriten der Vorderhornzellen nachweisen. Dies ist ein Ausdruck gestörter axonaler Transportmechanismen. Eine weitere immunhistochemische Methode, der Nachweis des Polypeptids Ubiquitin, wurde eingesetzt, um Degeneration und Tod von Nervenzellen nachzuweisen. Während DIRKSEN ET AL. (1992) einen solchen Nachweis nicht erbringen konnten, stellten HIRAGA ET AL. (1993) fest, dass sich untere motorische Neuronen von Kälbern mit SMA intensiv mit markierten Antiubiquitin-Antikörpern färbten, wenn sie sich in einem frühen bis mittleren Stadium, aber nicht in einem späten Stadium der Degeneration befanden. Eine Schädigung war zum Zeitpunkt der Euthanasie vor allem in Rückenmarksegmenten kaudal vom vierten Lendenwirbel vorhanden.

SMA bei anderen Rinderrassen, bei anderen Tierarten und beim Menschen

Vor kurzem erschien ein Bericht über SMA bei Holstein-Friesian-Kälbern in Spanien (PUMAROLA ET AL., 1997). Die klinischen und histopathologischen Befunde sind vergleichbar mit jenen bei Braunviehkälbern. Aufgrund des familiären Auftretens wurde wie beim Braunvieh ein autosomal rezessiver Erbgang angenommen (siehe weiter unten).

Eine ähnliche Krankheit wurde bei Rindern der Rasse ''Horned Hereford'' beschrieben (ROUSSEAUX ET AL., 1985). Dabei handelte es sich um eine neurodegenerative Störung, die bei neugeborenen Kälbern zu spastischem Gang, Festliegen und generalisiertem Tremor führte. Obwohl es nicht zu einer bedeutsamen Muskelatrophie kam, schien die Muskulatur der Extensoren schwächer zu sein als diejenige der Flexoren. Die spinalen Reflexe waren teilweise vermindert oder gesteigert. Histopathologisch war die Krankheit durch eine starke Ansammlung von Neurofilamenten in den Neuronen des zentralen, peripheren und autonomen Nervensystems gekennzeichnet.

Eine spinale Muskelatrophie wurde auch beim Hund und bei der Katze beschrieben. Eine Zusammenstellung dieser Arbeiten findet sich bei EL-HAMIDI ET AL. (1989) und SUMMERS ET AL. (1995).

Die verschiedenen Formen der spinalen Muskelatrophie beim Menschen haben Ähnlichkeiten mit den Motoneuronkrankheiten, die als drei sich überlappende Syndrome auftreten: Amyotrophische Lateralsklerose, progressive Muskelatrophie und Bulbärparalyse (HARRIMAN, 1992). Während bei den Motoneuronkrankheiten die oberen und unteren Motoneuronen degenerieren, sind bei SMA fast ausschliesslich die unteren Motoneuronen betroffen (HARRIMAN, 1992; SUMMERS ET AL., 1995). Aufgrund des Patientenalters beim Auftreten der Krankheit wird die SMA beim Menschen in vier Gruppen eingeteilt: SMA Typ1, infantile Form (Werdnig-Hoffmann Krankheit); SMA Typ 2, intermediäre Form; SMA Typ 3, juvenile Form (Kugelberg-Welander Krankheit); SMA Typ 4, adulte Form (HARRIMAN, 1992). Die bovine SMA hat am meisten gemeinsam mit der humanen SMA Typ1 (EL-HAMIDI ET AL., 1989). Beim Menschen sind die fetalen Bewegungen bei der SMA Typ1 oft reduziert, was annehmen lässt, dass die Krankheit schon vor der Geburt beginnt. Erste Symptome können aber auch postnatal in den ersten sechs Lebensmonaten auftreten. Im Verlauf der Krankheit kommt es zu einer progressiven Gliedmassenlähmung. Histologische Veränderungen lassen sich vor allem in den Ventralhornzellen des Rückenmarks und gelegentlich in den Motoneuronen des unteren Hirnstammes feststellen (HARRIMAN, 1992).

Erbgang

SMA ist genetisch bedingt. Der Vererbungsmodus für die verschiedenen Formen von SMA beim Menschen ist nicht einheitlich (HARRIMAN, 1992). Die SMA Typ1 wird autosomal rezessiv vererbt. Das SMN-Gen, das bei SMA-Patienten deletiert oder mutiert ist, konnte auf dem Chromosom 5 lokalisiert werden (BRZUSTOWICZ ET AL., 1990; PELLIZZONI ET AL., 1998).

HANSEN ET AL. (1988) postulierten für die bovine SMA einen autosomal rezessiven Erbgang. Aufgrund einer Paarungsstudie konnte dieser Vererbungsmodus bestätigt werden (NIELSEN ET AL., 1990). Abstammungskontrollen in Dänemark und in der Schweiz ergaben, dass die Eltern aller erkrankten Kälber als gemeinsamen Vorfahren den amerikanischen Brown Swiss-Stier Meadow View Destiny US 118619 aufwiesen.

Molekulargenetische Methoden haben bisher noch nicht zur genetischen Entschlüsselung der bovinen SMA geführt (EGGEN, 1992; WIGGER, 1996); weitere Untersuchungen auf diesem Gebiet sind aber im Gang.

Prognose

SMA ist nicht heilbar. Die Bekämpfung dieser Krankheit muss durch zuchthygienische Massnahmen erfolgen. Zur Zeit werden in der Schweiz einige SMA-Trägerstiere weiterhin zur Zucht eingesetzt, da dem Züchter die Stierenwahl freigestellt ist.

Literatur

- Agerholm J.S., Basse A. (1994): Spinal muscular atrophy in calves of the Red Danish dairy breed. Vet. Rec. 134: 232-235.

- Bichsel P., Meier C., Vandevelde M. (1989): Peripheral neuropathy in calves. Proc. 3rd Ann. Symp. Europ. Soc. Vet. Neurol., Bern, 23-25.

- Brzustowicz L.M., Lehner T., Castilla L.H., Penchaszadeh G.K., Wilhelmsen K.C., Daniels R., Davies K.E., Leppert M., Ziter F., Wood D., Dubowitz V., Zerres K., Hausmanowa-Petrusewicz I., Ott J., Munsat T.L., Gilliam T.C. (1990): Genetic mapping of chronic childhood-onset spinal muscular atrophy to chromosome 5q11.2-13.3. Nature 344: 540-541.

- Dirksen G., Doll K., Hafner A., Hermanns W., Dahme E. (1992): Spinale Muskelatrophie (SMA) bei Kälbern aus Brown Swiss x Braunvieh-Kreuzungen. Dtsch. tierärztl. Wschr. 99: 168-175.

- Eggen A. (1992): Recherche de marqueurs polymorphes dans la région putative de l' amyotrophie spinale bovine à l'aide de la cartographie comparée. Diss ETH Zürich.

- El-Hamidi M., Leipold H.W., Vestweber J.G.E., Saperstein G. (1989): Spinal muscular atrophy in Brown Swiss calves. J. Vet. Med. A 36: 731-738.

- Hansen K.M., Krogh H.V., Engel-Moller J., Elleby F. (1988): Liggekalve-syndromet hos RDM. En ny arvelig kvaegsygdom. (The recumbent calf syndrome in Red Danish Milkbreed - A new hereditary disease). Dansk Vet. Tidsskr. 71: 128-132.

- Harriman D.F.G. (1992): Diseases of muscle. In: Greenfield's Neuropathology. 5th ed., Eds. Hume A.J. and Duchen L.W., Edward Arnold, London, Melbourne, Auckland, pp. 1411-1500.

- Hiraga T., Leipold H.W., Cash W.C., Troyer D.L. (1993): Reduced numbers and intense anti-ubiquitin immunostaining of bovine motor neurons affected with spinal muscular atrophy. J. Neurol. Sci. 118: 43-47.

- Nielsen J.S., Andresen E., Basse A., Christensen L.G., Lykke T., Nielsen U.S. (1990): Inheritance of bovine spinal muscular atrophy. Acta vet. scand. 31: 253-255.

- Pellizzoni L., Kataoka N., Charroux B., Dreyfuss G. (1998): A novel function for SMN, the spinal muscular atrophy disease gene product, in pre-mRNA splicing. Cell 95: 615-624.

- Pumarola M., Anor S., Majo N., Borras D., Ferrer I. (1997): Spinal muscular atrophy in Holstein-Friesian calves. Acta Neuropathol. 93: 178-183.

- Rousseaux C.G., Klavano G.G., Johnson E.S., Shnitka T.K., Harries W.N., Snyder F.F. (1985): "Shaker" calf syndrome: A newly recognized inherited neurodegenerative disorder of Horned Hereford calves. Vet. Pathol. 22: 104-111.

- Summers B.A., Cummings J.F., de Lahunta A. (1995): Veterinary Neuropathology. Mosby, St. Louis, pp. 208-350.
- Troyer D., Leipold H.W., Cash W., Vestweber J. (1992): Upper motor neurone and descending tract pathology in bovine spinal muscular atrophy. J. Comp. Path. 107: 305-317.
- Troyer D., Cash W.C., Vestweber J., Hiraga T., Leipold H.W. (1993): Review of spinal muscular atrophy (SMA) in Brown Swiss cattle. J. Vet. Diagn. Invest. 5: 303-306.
- Wigger G. (1996): Untersuchungen zur genetischen Diagnose der bovinen spinalen Muskelatrophie. Diss. ETH Zürich.

Spinale Dysmyelinisierung (SDM)

Die spinale Dysmyelinisierung (SDM) wurde erstmals von HAFNER ET AL. (1993) bei neugeborenen Brown Swiss x Braunvieh-Kälbern in Deutschland beschrieben. Vorerst war nicht klar, ob es sich um eine neue Krankheit oder um eine andere Form einer bereits bekannten Krankheit wie der spinalen Muskelatrophie (SMA) oder des Weaver-Syndroms handelte. Ein Jahr später folgte ein Bericht über SDM bei Kälbern der Kreuzung Brown Swiss x Rotes Dänisches Milchvieh aus Dänemark (AGERHOLM ET AL., 1994).

Klinische Befunde

Die Kälber liegen von Geburt an in Seitenlage fest, haben gestreckte Gliedmassen und Opisthotonus. Sie können den Kopf anheben und sind aufmerksam. Wenn die Kälber in Brustlage gebracht werden, können sie sich während einiger Zeit in dieser Position halten, fallen schliesslich aber wieder in die Seitenlage zurück. Beim Aufstellversuch belasten und bewegen die Patienten ihre Gliedmassen wenig oder gar nicht. Die spinalen Reflexe sind normal oder gesteigert. In Brustlage können die Kälber normal trinken (AGERHOLM ET AL., 1994).

Pathologisch-anatomische und histologische Befunde

HAFNER ET AL. (1993) fanden in einer Untersuchung an vier Kälbern eine mittelmässige systemische Verminderung der Skelettmuskelentwicklung. In einer Studie von AGERHOLM ET AL. (1994) wurde pathologisch-anatomisch bei 56% der Fälle eine Pneumonie und bei einem Viertel der Fälle eine Enteritis festgestellt.

Die wichtigsten histopathologischen Veränderungen bei SDM werden auf allen Ebenen des Rückenmarks festgestellt und sind auf die weisse Substanz beschränkt. Es fällt eine bilateral symmetrische Reduktion oder ein Fehlen der Myelinscheiden, eine Degeneration von Axonen und Oligodendrozyten sowie eine Astrogliose auf. Am stärksten ausgeprägt sind die Veränderungen in den zervikalen und thorakalen Segmenten, und zwar vor allem in den peripheren Bereichen der betroffenen *Funiculi*. Die spinalen Nervenwurzeln und Ganglien sind unverändert (HAFNER ET AL., 1993; AGERHOLM ET AL., 1994).

Angeborene Myelinisationsstörungen bei anderen Rinderrassen und anderen Tierarten

Angeborene Myelinisationsstörungen sind bei verschiedenen Hunderassen bekannt (Literatur bei HAFNER ET AL., 1993). Beim Rind sind solche Krankheiten seltener. Eine gewisse Ähnlichkeit mit SDM beim Braunvieh haben die spinale Myelopathie bei Kälbern der australischen Mastviehrasse Murray Grey (RICHARDS UND EDWARDS, 1986) und die degenerative Axonopathie bei Holstein-Friesian-Kälbern (HARPER UND HEALY, 1989). Bei den Murray Grey-Kälbern treten die Symptome in den meisten Fällen schon von Geburt an auf und bestehen aus einer Inkoordination der Hintergliedmassen mit seitlichem Schwanken der Nachhand und Umfallen auf eine Seite. Die Tiere sind aber im Gegensatz zu Kälbern mit SDM in der Lage zu gehen. Die histopathologische Untersuchung ergibt neben einem Myelinscheidendefekt auch Veränderungen der grauen Substanz. Die meisten Holstein-Friesian-Kälber mit degenerativer Axonopathie liegen von Geburt an fest, können sich aber ohne Hilfe selbst in Brustlage bringen. Einige können nach Aufstehhilfe stehen. Weitere Symptome sind Hyperästhesie, gestreckte Vordergliedmassen, Kopfzittern, Nystagmus, Blindheit und Opisthotonus. Die histopathologischen Veränderungen sind charakterisiert durch Degeneration und Verlust von Axonen sowie Myelinscheidenzerstörung. Alle Ebenen des Rückenmarks sind betroffen, und in geringerem Ausmass auch der Hirnstamm, das Mittelhirn und periphere Nerven.

Die Veränderungen bei Myelinisationsstörungen der Rassen Limousin (HARPER ET AL., 1990; PALMER ET AL., 1991) und Charolais (BLAKEMORE ET AL., 1974; CORDY, 1986; PALMER UND BLAKEMORE, 1975) unterscheiden sich wesentlich von denjenigen bei SDM beim Braunvieh. Die betroffenen Limousin-Kälber zeigen erste Symptome im Alter von einem bis vier Monaten: Verhaltensstörungen, Ataxie, Blindheit, Nystagmus, Augenrotation, Hyperästhesie und Opisthotonus. Histopathologische Veränderungen werden in der weissen Substanz des Gehirns festgestellt und bestehen aus einer plaque-ähnlichen multifokalen Demyelinisierung. Die progressive Ataxie beim Charolais-

Vieh führt erst im Alter von 6-24 Monaten zu Symptomen. Nach einer anfänglich leichtgradigen Ataxie nehmen die Störungen im Verlauf von ein bis zwei Jahren zu und führen schliesslich zum Festliegen. Die histologischen Veränderungen sind auf die weisse Substanz des Zentralnervensystems beschränkt und zeigen sich als multiple eosinophile Plaques, die aus verändertem Myelin und hypertrophierten Oligodendrozyten bestehen.

Erbgang

Die an SDM erkrankten Kälber in Deutschland (HAFNER ET AL., 1993) waren mit den in Dänemark erkrankten Kälbern verwandt (AGERHOLM ET AL., 1994). Alle Kälber hatten als gemeinsamen Vorfahren den amerikanischen Brown Swiss-Stier White Cloud Jasons Elegant (US 148551). Das familiäre Muster war vereinbar mit einem autosomal rezessiven Erbgang. Diesen Vererbungsmodus konnten AGERHOLM UND ANDERSEN (1995) aufgrund einer Paarungsstudie bestätigen.

Prognose

SDM ist nicht heilbar. Die Krankheit muss durch zuchthygienische Massnahmen bekämpft werden. Zur Zeit werden in der Schweiz keine Stiere mehr zur Zucht eingesetzt, die als SDM-Träger bekannt sind.

Literatur

- Agerholm J.S., Hafner A., Olsen S., Dahme E. (1994): Spinal dysmyelination in cross-bred Brown Swiss calves. J. Vet. Med. A 41: 180-188.

- Agerholm J.S., Andersen O. (1995): Inheritance of spinal dysmyelination in calves. J. Vet. Med. A 42: 9-12.

- Blakemore W.F., Palmer A.C., Barlow R.M. (1974): Progressive ataxia of Charolais cattle associated with disordered myelin. Acta neuropath. 29: 127-139.

- Cordy D.R. (1986): Progressive ataxia of Charolais cattle – an oligodendroglial dysplasia. Vet. Pathol. 23: 78-80.

- Hafner A., Dahme E., Obermaier Gabriele, Schmidt P., Dirksen G. (1993): Spinal dysmyelination in new-born Brown Swiss x Braunvieh calves. J. Vet. Med. B 40: 413-422.

- Harper P.A.W., Healy P.J. (1989): Neurological disease associated with degenerative axonopathy of neonatal Holstein-Friesian calves. Austr. Vet. J. 66: 143-146.

- Harper P.A.W., Hartley W.J., Fraser G.C., Boulton J.G., Brown N.R. (1990): Multifocal encephalopathy in Limousin calves. Austr. Vet. J. 67: 111-112.

- Palmer A.C., Blakemore W.F. (1975): Progressive ataxia of Charolais cattle. Bovine Pract. 10: 84-85.

- Palmer A.C., Jackson P.G.G., Blakemore W.F. (1991): A primary demyelinating disorder of young cattle. Neuropathol. Appl. Neurobiol. 17: 457-467.
- Richards R.B., Edwards J.R. (1986): A progressive spinal myelinopathy in beef cattle. Vet. Pathol. 23: 35-41.

Herzmissbildungen

Missbildungen im Bereich des Herzens kommen bei Kälbern relativ häufig vor (BERCHTOLD ET AL., 1990). KAST (1970) stellte bei perinatal verendeten Kälbern in 1.9% der Fälle Herzmissbildungen fest. Eine Studie in Holland ergab anlässlich der Fleischbeschau bei 88 (0.17%) von 50 742 Tieren kongenitale Herzmissbildungen (VAN NIE, 1966). Die am häufigsten diagnostizierte Störung beim Kalb ist der Ventrikelseptumdefekt (FISHER UND PIRIE, 1964; VAN NIE, 1966; PIPERS ET AL., 1985; THIEL UND FREITAG, 1989; RADOSTITS ET AL., 1994). Im weiteren werden vor allem persistierende fetale Anlagen (*Ductus arteriosus Botalli*, *Foramen ovale*) sowie supravalvuläre Aortenstenosen und Dextrapositionen der Aorta beobachtet (BERCHTOLD ET AL., 1990).

Die Ursache für kongenitale Herzdefekte ist unklar. Es wird aber angenommen, dass sowohl Entwicklungsstörungen als auch genetische Ursachen dafür verantwortlich sein können (RADOSTITS ET AL., 1994). Ventrikelseptumdefekte wurden auch bei einem Paar von Zwillingskälbern beobachtet (BESSER UND KNOWLEN, 1992).

Den Herz- und Gefässanomalien kann nicht ein typisches klinisches Bild zugeordnet werden, aber bei neonataler Asphyxie, respiratorischen Symptomen und Kümmern müssen solche Veränderungen ausgeschlossen werden. In der perinatalen Periode werden betroffene Tiere oft festliegend mit Dyspnoe vorgefunden. Viele dieser Patienten sterben an Kreislaufversagen. Gelegentlich überwinden selbst Kälber mit schweren Missbildungen diese kritische Phase und können Wochen oder Monate überleben (CHRISTL, 1975). Solche Tiere zeigen oft wechselhaften Appetit, ungenügendes Wachstum, Atemnot und Husten beim Trinken. Das Haarkleid ist glanzlos, trocken und struppig, die Körperoberfläche kühl. In den meisten Fällen kann bereits aufgrund der Adspektion, Palpation und Auskultation eine Diagnose oder Verdachtsdiagnose gestellt werden (CHRISTL, 1975). Für weitergehende Abklärungen leistet die Ultrasonographie gute Dienste (PIPERS ET AL., 1985; O'GRADY ET AL., 1991; REEF, 1991; WATSON ET AL., 1991).

Literatur

- Berchtold M., Zaremba W., Grunert E. (1990): Kälberkrankheiten. In: Neugeborenen- und Säuglingskunde der Tiere. Hrsg. Walser K. und Bostedt H., Ferdinand Enke Verlag, Stuttgart, pp. 260-335.

- Besser T.E., Knowlen G.G. (1992): Ventricular septal defects in bovine twins. J. Am. Vet. Med. Assoc. 200: 1355-1356.

- Christl H. (1975): Klinische und pathologisch-anatomische Beobachtungen an Kälbern mit konnatalen Herz- und Gefässmissbildungen. Tierärztl. Prax. 3: 293-302.

- Fisher E.W., Pirie H.M. (1964): Malformations of the ventricular septal complex in cattle. Brit. Vet. J. 120: 253-272.

- Kast A. (1970): Angeborene Transpositionen von Aorta und A. pulmonalis beim Rind. Zentralbl. Veterinärmed. A 17: 780-795.

- Nie C.J., van (1966): Congenital malformations of the heart in cattle and swine. A survey of a collection. Acta Morphol. Neerl. Scand. 6: 387-393.

- O'Grady M.R., Cockshutt J.R., Khanna A., Kloeze H.J., Hoffman A.M., Viel L. (1991): Patent ductus arteriosus in a Holstein calf: A two-dimensional and Doppler echocardiographic study of the ductus arteriosus and validation. Can. Vet. J. 32: 303-304.

- Pipers F.S., Reef V., Wilson J. (1985): Echocardiographic detection of ventricular septal defects in large animals. J. Am. Vet. Med. Assoc. 187: 810-816.

- Radostits O.M., Blood D.C., Gay C.C. (1994): Diseases of the cardiovascular system. In: Veterinary Medicine. A Textbook of the Diseases of Cattle, Sheep, Pigs, Goats and Horses. Eds. Radostits O.M., Blood D.C., Gay C.C., 8th ed., Baillière Tindall, London, Philadelphia, pp. 326-369.

- Reef V.B. (1991): Echocardiographic findings in horses with congenital cardiac disease. Comp. Cont. Educ. Pract. Vet. 13: 109-117.

- Thiel W., Freitag H. (1989): Univentrikuläres Herz mit linker AV-Atresie bei einem Kalb. Prakt. Tierarzt 70: 34-39.

- Watson T.D.G., Marr C.M., Mc Candlish I.A.P. (1991): Aortic valvular dysplasia in a calf. Vet. Rec. 129: 380-382.

Erkrankungen des Kleinhirns

Bei Haustieren gehören Erkrankungen des Kleinhirns zu den häufigsten Veränderungen, die zu neurologischen Störungen führen können (WHITTINGTON ET AL., 1989). Zusammenstellungen der verschiedenen Krankheiten finden sich in der Literatur (CHO UND LEIPOLD, 1977; DE LAHUNTA, 1983; MAYHEW, 1989; RADOSTITS ET AL., 1994A). Häufig beschriebene Krankheitsbilder bei Kälbern sind die zerebelläre Abiotrophie, die kongenitale zerebelläre Hypoplasie und Kleinhirnmissbildungen nach transplazentärer Infektion durch das BVD-Virus. Unter der Bezeichnung Abiotrophie wird in der Veterinärmedizin eine Gruppe von ZNS-Erkrankungen verstanden, die durch frühzeitige neuronale

Degeneration, vor allem der Purkinje-Zellen, gekennzeichnet sind. Die Ursache liegt in einer intrinsischen metabolischen Störung (SUMMERS ET AL., 1995). Eine Abiotrophie wurde bei Kälbern mehrer Rinderrassen, unter anderen bei Holstein- und Angustieren, diagnostiziert (WHITTINGTON ET AL., 1989; MITCHELL ET AL., 1993; WOODMAN ET AL., 1993; KEMP ET AL., 1995; SUMMERS ET AL., 1995). Erste Symptome können unmittelbar nach der Geburt, aber auch erst nach Wochen, Monaten oder nach ein bis zwei Jahren auftreten. Das Krankheitsbild ist variabel und umfasst folgende Symptome: Ataxie, breitbeinige Stellung, Hypermetrie, leichtgradiges Kopfzittern, Opisthotonus, Nystagmus, erhöhte Empfindlichkeit auf Lärm und Berührung, Muskelspasmen und Festliegen (WHITTINGTON ET AL., 1989; MITCHELL ET AL., 1993; WOODMAN ET AL., 1993; KEMP ET AL., 1995).

Die kongenitale zerebelläre Hypoplasie wurde bei den Rassen Hereford, Guernsey, Holstein, Shorthorn, Ayrshire und Angus diagnostiziert (SWAN UND TAYLOR, 1982; LEIPOLD ET AL., 1993; RADOSTITS ET AL., 1994B). Es wird ein autosomal rezessiver Erbgang vermutet (O'SULLIVAN UND MCPHEE, 1975). Die meisten betroffenen Kälber zeigen von Geburt an Störungen wie Kopfzittern, breitbeiniges Stehen und mangelnde Koordination. Bei hochgradigen Veränderungen liegen die Kälber fest, sind blind und haben keinen Pupillarreflex. Das Bewusstsein und die Sauglust sind ungestört, wobei die Tiere oft grosse Schwierigkeiten haben, an die Zitze oder an den Tränkeeimer zu gelangen (RADOSTITS ET AL., 1994B). Die Sektion ergibt ein Kleinhirn verminderter Grösse oder ein völliges Fehlen desselben (RADOSTITS ET AL., 1994B).

Eine transplazentäre Infektion mit dem BVD-Virus in einer bestimmten Phase der Ontogenese führt beim Rinderfetus zu Entwicklungsstörungen im Zentralnervensystem, unter anderem zu einer Kleinhirnhypoplasie (KAHRS ET AL., 1970; CHO UND LEIPOLD, 1977; WILSON ET AL., 1983; STÖBER ET AL., 1986; TRAUTWEIN ET AL., 1987; BERCHTOLD ET AL., 1990). Die zeitlichen Angaben für die kritische Phase variieren und betreffen die Zeit vom 80. bis 180. Tag der Trächtigkeit (KAHRS ET AL., 1970; STÖBER ET AL., 1986; RADOSTITS UND LITTLEJOHNS, 1988; WÖHRMANN ET AL., 1992; WEISS ET AL., 1994). Das klinische Bild wurde unter dem Begriff "okulozerebelläres Syndrom" beschrieben (STÖBER ET AL., 1986; BERCHTOLD ET AL., 1990). Es ist gekennzeichnet durch Mikrophthalmie, Linsentrübung, Entzündung des *Nervus opticus*, Hydrozephalus internus, Hydranenzephalie, Dysmyelinisierung des Rückenmarks und Kleinhirnhypoplasie (BERCHTOLD ET AL., 1990). Betroffene Tiere stehen breitbeinig und sind ataktisch oder liegen in Brust- oder Seitenlage fest. Tiere, die gehen können, stossen oft gegen Hindernisse. Festliegende Kälber in Brustlage halten den Kopf leicht angehoben und führen seitliche hin- und herpendelnde Bewegungen des Kopfes aus. In Seitenlage zeigen die Tiere Opisthotonus und zeitweilig rudernde Beinbewegungen (STÖBER ET AL., 1986; TRAUTWEIN ET AL., 1987).

Der BVD-Virusnachweis fällt bei der Mehrzahl dieser Patienten negativ aus (WÖHRMANN ET AL., 1992; BRAUN ET AL., 1996). Es wird angenommen, dass die BVD-Infektion bei solchen Kälbern nach dem 120. Tag der Trächtigkeit erfolgt ist, da sie ab diesem Zeitpunkt immunkompetent sind. Das BVD-Virus mag einen teratogenen Effekt ausgeübt haben, wurde aber durch das Immunsystem eliminiert (WÖHRMANN ET AL., 1992). Bei negativem Virusnachweis kann der Verdacht auf eine intrauterine BVD-Infektion nur durch den Nachweis von Antikörpern in einer vor der ersten Kolostrumaufnahme entnommenen Serumprobe gesichert werden (KAHRS ET AL., 1970; STÖBER ET AL., 1986; BERCHTOLD ET AL., 1990; BRAUN ET AL., 1996).

Literatur

- Berchtold M., Zaremba W., Grunert E. (1990): Kälberkrankheiten. In: Neugeborenen- und Säuglingskunde der Tiere. Hrsg. Walser K. und Bostedt H., Ferdinand Enke Verlag, Stuttgart, pp. 260-335.

- Braun U., Thür B., Weiss M., Giger T. (1996): Bovine Virusdiarrhoe/Mucosal disease beim Rind – Klinische Befunde bei 103 Kälbern und Rindern. Schweiz. Arch. Tierheilk. 138: 465-475.

- Cho D.Y., Leipold H.W. (1977): Congenital defects of the bovine central nervous system. Vet. Bull. (Weybridge) 47: 489- 504.

- de Lahunta A. (1983): Cerebellum. In: Veterinary Neuroanatomy and Clinical Neurology. 2nd ed., W.B. Saunders, Philadelphia, pp. 255-278.

- Kahrs R.F., Scott F.W., de Lahunta A. (1970): Congenital cerebellar hypoplasia and ocular defects in calves following bovine viral diarrhea – mucosal disease infection in pregnant cattle. J. Am. Vet. Med. Assoc. 156: 1443-1450.

- Kemp J., McOrist S., Jeffrey M. (1995): Cerebellar abiotrophy in Holstein Friesian calves. Vet. Rec. 136: 198.

- Leipold H.W., Hiraga T., Dennis S.M. (1993): Congenital defects of the bovine central nervous system. Vet. Clin. North Am. [Food Anim. Pract.] 9: 77-91.

- Mayhew I.G. (1989): Large Animal Neurology. A Handbook for Veterinary Clinicians. Lea & Febiger, Philadelphia, pp. 227-241.

- Mitchell P.J., Reilly W., Harper P.A.W., McCaughan C.J. (1993): Cerebellar abiotrophy in Angus cattle. Aust. Vet. J. 70: 67-68.

- O'Sullivan B.M., McPhee C.P. (1975): Cerebellar hypoplasia of genetic origin in calves. Aust. Vet. J. 51: 469-471.

- Radostits O.M., Littlejohns I.R. (1988): New concepts in the pathogenesis, diagnosis and control of diseases caused by the bovine viral diarrhea virus. Can. Vet. J. 29: 513-528.

- Radostits O.M., Blood D.C., Gay C.C. (1994a): Diseases of the nervous system. In: Veterinary Medicine. A Textbook of the Diseases of Cattle, Sheep, Pigs, Goats and Horses. Eds. Radostits O.M., Blood D.C., Gay C.C., 8th ed., Baillière Tindall, London, Philadelphia, pp. 458-505.

- Radostits O.M., Blood D.C., Gay C.C. (1994b): Diseases caused by the inheritance of undesirable characters. In: Veterinary Medicine. A Textbook of the Diseases of Cattle, Sheep, Pigs, Goats and Horses. Eds. Radostits O.M., Blood D.C., Gay C.C., 8th ed., Baillière Tindall, London, Philadelphia, pp. 1624-1664.

- Stöber M., Roming L., Brentrup H. (1986): Bovine Virusdiarrhoe: Okulozerebelläres Syndrom beim neugeborenen Kalb. Prakt. Tierarzt 68, Collegium veterinarium XVII: 67-68.

- Summers B.A., Cummings J.F., de Lahunta A. (1995): Veterinary Neuropathology. Mosby, St. Louis, pp. 208-350.

- Swan R.A., Taylor E.G. (1982): Cerebellar hypoplasia in beef shorthorn calves. Aust. Vet. J. 59: 95-96.

- Trautwein G., Hewicker M., Liess B., Orban S., Peters W. (1987): Kleinhirnhypoplasie und Hydranenzephalie beim Rind nach transplazentarer boviner Virusdiarrhoe-Infektion. Dtsch. tierärztl. Wschr. 94: 588-590.

- Weiss M., Hertig C., Strasser M., Vogt H.R., Peterhans E. (1994): Bovine Virusdiarrhoe/Mucosal disease: eine Übersicht. Schweiz. Arch. Tierheilk. 136: 173-185.

- Whittington R.J., Morton A.G., Kennedy D.J. (1989): Cerebellar abiotrophy in crossbred cattle. Aust. Vet. J. 66: 12-15.

- Wilson T.M., de Lahunta A., Confer L. (1983): Cerebellar degeneration in dairy calves: Clinical, pathologic, and serologic features of an epizootic caused by bovine viral diarrhea virus. J. Am. Vet. Med. Assoc. 183: 544-547.

- Wöhrmann T., Hewicker-Trautwein M., Fernandez A., Moennig V., Liess B., Trautwein G. (1992): Distribution of bovine virus diarrhoea viral antigens in the central nervous system of cattle with various congenital manifestations. J. Vet. Med. B 39: 599-609.

- Woodman M.P., Scott P.R., Watt N., McGorum B.C., Penny C.D. (1993): Selective cerebellar degeneration in a Limousin cross heifer. Vet. Rec. 132: 586-587.

Kongenitale Myopathie

Vor kurzem wurde die kongenitale Myopathie als bisher unbekannte Krankheit bei Braunvieh x Brown Swiss-Kälbern beschrieben (HAFNER ET AL., 1996). Allerdings wurden die Symptome dieser Krankheit nicht genau definiert, sie sollen aber ähnlich wie bei der SMA sein. Die betroffenen Kälber zeigten eine rasch progressive Muskelschwäche und lagen innerhalb von zwei Wochen nach der Geburt fest. Es wurde vermutet, dass die kongenitale Myopathie genetisch bedingt ist.

Im Gegensatz zur SMA handelt es sich bei der kongenitalen Myopathie nicht primär um eine Erkrankung des Nervensystems, sondern um eine Erkrankung der Skelettmuskulatur. Die histologische Untersuchung der Skelettmuskulatur ergab sehr unterschiedliche Muskelfasergrössen mit segmentalem Verlust der Querstreifung und Desorganisation der Myofibrillen. Die auffälligsten histologischen Befunde waren intrazytoplasmatische, homogene und meist halbmondförmige Bezirke an der Peripherie vieler Muskelfasern. Die Elektronenmikroskopie ergab in diesen Bezirken eine Ansammlung von dicht gepackten, parallelen, filamentösen Strukturen. Enzymhistochemisch konnte gezeigt werden, dass alle Muskelfasertypen betroffen waren.

Literatur

- Hafner A., Dahme E., Obermaier G., Schmidt P., Doll K., Schmahl W. (1996): Congenital myopathy in Braunvieh x Brown Swiss calves. J. Comp. Path. 115: 23-34.

III. Infektionskrankheiten und Entzündungen

Sepsis

Eine Allgemeininfektion mit pathogenen Keimen wird als Sepsis bezeichnet. Gefährdet sind vor allem Jungtiere mit ungenügender Kolostrumversorgung (BESSER UND GAY, 1985; BERCHTOLD ET AL., 1990; ALDRIDGE ET AL., 1993; RADOSTITS ET AL., 1994; DONOVAN ET AL., 1998). Einer der am häufigsten vorkommenden Erreger ist *Escherichia coli*, ein gramnegatives, ubiquitäres Bakterium (HARIHARAN ET AL., 1992; ALDRIDGE ET AL., 1993; KASARI, 1994). Die Infektion mit *E. coli* geschieht häufig schon bei der Geburt. Hauptinfektionspforte ist der Nasenrachenraum, und seltener dringen die Keime auch über den Darm oder den Nabel ein (BERCHTOLD ET AL., 1990). Die Erreger vermehren sich im Blut und in den Organen. Beim Zerfall der Bakterienwand wird ein Endotoxin freigesetzt, welches zum toxischen Schock führen kann.

Zu Beginn der Erkrankung steigt die Körpertemperatur stark an, während das Allgemeinbefinden noch weitgehend ungestört bleibt. Innerhalb von wenigen Stunden verschlechtert sich aber das Allgemeinbefinden hochgradig und es werden folgende Symptome beobachtet: Schwäche, Festliegen, Inappetenz, Untertemperatur, erhöhte Herz- und Atemfrequenzen, schmutzig-graue Konjunktiven und injizierte Episkleralgefässe (BESSER UND GAY, 1985; BERCHTOLD ET AL., 1990). Gelegentlich treten auch zentralnervöse Symptome auf. Die Mehrzahl der erkrankten Kälber verendet innerhalb von 12 bis 48 Stunden (BERCHTOLD ET AL., 1990). Wenn das Tier die septikämische Phase überlebt, können einige Tage später Anzeichen von Arthritis, Meningitis und Panophthalmitis auftreten (RADOSTITS ET AL., 1994). Aufgrund des Krankheitsbildes kann nur ein Verdacht auf eine *E. coli*-Sepsis geäussert werden. In einer neueren Arbeit wurde ein Modell entwickelt, mit dessen Hilfe das Vorliegen einer Sepsis beim Kalb aufgrund einiger klinischer Parameter mit einer Sensitivität von 76% und einer Spezifität von 75% abgeschätzt werden kann (FECTEAU ET AL., 1997). Eine ätiologische Diagnose kann durch Erregerisolierung aus dem Blut und nachfolgender Kultur gestellt werden (BERCHTOLD ET AL., 1990; HARIHARAN ET AL., 1992; RADOSTITS ET AL., 1994).

Literatur

- Aldridge B.M., Garry F.B., Adams R. (1993). Neonatal septicemia in calves: 25 cases (1985-1990). J. Am. Vet. Med. Assoc. 203: 1324-1329.

- Berchtold M., Zaremba W., Grunert E. (1990): Kälberkrankheiten. In: Neugeborenen- und Säuglingskunde der Tiere. Hrsg. Walser K. und Bostedt H., Ferdinand Enke Verlag, Stuttgart, pp. 260-335.

- Besser T.E., Gay C.C. (1985): Septicemic colibacillosis and failure of passive transfer of colostral immunoglobulin in calves. Vet. Clin. North Am. [Food Anim. Pract.] 1: 445-459.

- Donovan G.A., Dohoo I.R., Montgomery D.M., Bennett F.L. (1998): Associations between passive immunity and morbidity and mortality in dairy heifers in Florida, USA. Prev. Vet. Med. 34: 31-46.

- Fecteau G., Paré J., Van Metre D.C., Smith B.P., Holmberg C. A., Guterbock W., Jang S. (1997): Use of a clinical sepsis score for predicting bacteremia in neonatal dairy calves on a calf rearing farm. Can. Vet. J. 38: 101-104.

- Hariharan H., Bryenton J., St. Onge J., Heaney S. (1992): Blood cultures from calves and foals. Can. Vet. J. 33: 56-57.

- Kasari T.R. (1994): Weakness in the newborn calf. Vet. Clin. North Am. [Food Anim. Pract.] 10: 167-180.

- Radostits O.M., Blood D.C., Gay C.C. (1994): Diseases caused by bacteria - III. In: Veterinary Medicine. A Textbook of the Diseases of Cattle, Sheep, Pigs, Goats and Horses. Eds. Radostits O.M., Blood D.C., Gay C.C., 8th ed., Baillière Tindall, London, Philadelphia, pp. 703-829.

Arthritis/Polyarthritis

Infektionen der Gelenke treten gewöhnlich als Folge einer Bakteriämie oder Septikämie auf (RADOSTITS ET AL., 1994). Häufige Eintrittspforten für die Erreger sind der Nasenrachenraum und der Nabel. Bei den Erregern handelt es sich vorwiegend um Streptokokken, Staphylokokken, *A. pyogenes, Fusobacterium necrophorum, E. coli* und Salmonellen (BERCHTOLD ET AL., 1990; RADOSTITS ET AL., 1994). Bei Jungtieren sind oft mehrere Gelenke betroffen, vor allem die Karpal-, Tarsal-, Fessel- und Kniegelenke. Die Adspektion und Palpation ergeben vermehrte Wärme, Schwellung, Fluktuation und Schmerz. Das Allgemeinbefinden der betroffenen Tiere ist reduziert. Diese fallen weiter auf durch Lahmheit und vermehrtes Liegen bis hin zum Festliegen. Die Diagnose kann durch eine Röntgenuntersuchung sowie durch Punktion der Gelenke und Untersuchung der Gelenksflüssigkeit bestätigt werden (VAN PELT UND LANGHAM, 1968; VAN PELT, 1970; EISENMENGER, 1974; FARROW, 1985).

Literatur

-   Berchtold M., Zaremba W., Grunert E. (1990): Kälberkrankheiten. In: Neugeborenen- und Säuglingskunde der Tiere. Hrsg. Walser K. und Bostedt H., Ferdinand Enke Verlag, Stuttgart, pp. 260-335.

-   Eisenmenger E. (1974): Gelenkspunktionen für Diagnostik und Therapie. Tierärztl. Prax. 2: 401-407.

-   Farrow C.S. (1985): The radiologic investigation of bovine lameness associated with infection. Vet. Clin. North Am. [Food Anim. Pract.] 1: 67-81.

-   Radostits O.M., Blood D.C., Gay C.C. (1994): Diseases of the musculoskeletal system. In: Veterinary Medicine. A Textbook of the Diseases of Cattle, Sheep, Pigs, Goats and Horses. Eds. Radostits O.M., Blood D.C., Gay C.C., 8th ed., Baillière Tindall, London, Philadelphia, pp. 506-534.

-   Van Pelt R.W., Langham R.F. (1968): Synovial fluid changes produced by infectious arthritis in cattle. Am. J. Vet. Res. 29: 507-516.

-   Van Pelt R.W. (1970): Synovial effusion changes in idiopathic septic arthritis in calves. J. Am. Vet. Med. Assoc. 156: 84-92.

Meningitis/Meningoenzephalitis

Beim neugeborenen Kalb ist die eitrige Meningitis die häufigste Erkrankung des Zentralnervensystems (MOSHER ET AL., 1968; RINGS, 1987; GREEN UND SMITH, 1992). Sehr oft wird sie nach ungenügender Kolostrumversorgung und anschliessender Bakteriämie oder Septikämie beobachtet (MOSHER ET AL., 1968; JAMISON UND PRESCOTT, 1987; RINGS, 1987; GREEN UND SMITH, 1992; RADOSTITS ET AL., 1994). Häufigster Erreger ist *E. coli* (JAMISON UND PRESCOTT, 1987; GREEN UND SMITH, 1992; RADOSTITS ET AL., 1994). Die Symptomatik ist vielfältig. Die betroffenen Tiere sind apathisch bis komatös, können aber auch Hyperästhesie zeigen. Weiter können Bewegungsstörungen, Parese oder Paralyse, Festliegen, Opisthotonus, Nystagmus, Konvulsionen, Tremor, Hypopyon und Blindheit auftreten (HOFMANN, 1979; JAMISON UND PRESCOTT, 1987; RINGS, 1987; GREEN UND

SMITH, 1992; SCOTT UND PENNY, 1993; RADOSTITS ET AL., 1994). Häufige Begleitkrankheiten sind Durchfall, septische Arthritis, Omphalophlebitis und Uveitis (RADOSTITS ET AL., 1994).

Diagnostisch wertvoll sind hämatologische Untersuchungen und Untersuchungen des *Liquor cerebrospinalis* (JAMISON UND PRESCOTT, 1987; RINGS, 1987; GREEN UND SMITH, 1992; SCOTT UND PENNY, 1993; RADOSTITS ET AL., 1994).

Literatur

- Green S.L., Smith L.L. (1992): Meningitis in neonatal calves: 32 cases (1983-1990). J. Am. Vet. Med. Assoc. 201: 125-128.

- Hofmann W. (1979): Erkrankungen des Zentralnervensystems beim Rind. 1. Die wichtigsten Erkrankungen der Kälber. Tierärztl. Prax. 7: 13-24.

- Jamison J.M., Prescott J.F., (1987): Bacterial meningitis in large animals – Part I. Comp. Cont. Educ. Pract. Vet. 9: F399-F406.

- Mosher A.H., Helmboldt C.F., Hayes K.C. (1968): Coliform meningoencephalitis in young calves. Am. J. Vet. Res. 29: 1483-1487.

- Radostits O.M., Blood D.C., Gay C.C. (1994): Diseases of the nervous system. In: Veterinary Medicine. A Textbook of the Diseases of Cattle, Sheep, Pigs, Goats and Horses. Eds. Radostits O.M., Blood D.C., Gay C.C., 8th ed., Baillière Tindall, London, Philadelphia, pp. 458-505.

- Rings D.M. (1987): Bacterial meningitis and diseases caused by bacterial toxins. Vet. Clin. North Am. Food Anim. Pract. 3: 85-98.

- Scott P.R., Penny C.D. (1993): A field study of meningoencephalitis in calves with particular reference to analysis of cerebrospinal fluid. Vet. Rec. 133: 119-121.

Wirbelabszesse (vertebrale Osteomyelitis)

Abszesse der Wirbelsäule mit Kompression oder Infiltration des Rückenmarks kommen bei Kälbern sporadisch vor (MOSS ET AL., 1971; SHERMAN UND AMES, 1986; VANDEVELDE UND FANKHAUSER, 1987). Meistens stehen sie im Zusammenhang mit einem chronisch-eitrigen Prozess in einem anderen Organ (ORSINI, 1984; VANDEVELDE UND FANKHAUSER, 1987; RADOSTITS ET AL., 1994). Nicht selten wird bei der Sektion solcher Tiere eine Nabelentzündung, eine chronische Pneumonie oder ein Lungenabszess diagnostiziert (FINLEY, 1975; SHERMAN UND AMES, 1986; EVERS UND TELLHELM, 1989).

Eine Osteomyelitis wird begünstigt durch eine vaskuläre Stase, kombiniert mit einem Milieu, das das Bakterienwachstum fördert, wie z.B. ein Blutgerinnsel ein Serom oder eine Nekrose (ORSINI, 1984). Die Bakterien können ihr Zielgewebe auf drei Wegen erreichen: entweder hämatogen, von einer externen Quelle ausgehend (z.b. von einer traumatischen Wundinfektion) oder übergreifend von einer benachbarten Gewebsinfektion aus (WILENSKY, 1927; ORSINI, 1984). Hämatogen entstandene Osteomyelitiden werden mit der speziellen Gefässarchitektur in den Epiphysen und Metaphysen der langen Röhrenknochen beim Jungtier in Zusammenhang gebracht. Der relativ grosse Durchmesser der Venen in der Metaphyse führt zu einer Verlangsamung des Blutstromes, wodurch die Festsetzung eines Bakterienembolus erleichtert wird (MOSS ET AL., 1971; ORSINI, 1984).

Eine vertebrale Osteomyelitis entsteht bei jungen Kälbern vor allem in der Brust- und Lendenwirbelsäule, seltener in der Halswirbelsäule (RADOSTITS ET AL., 1994). Mit zunehmender Grösse des Abszesses im Wirbelkörper steigt der Druck auf das Rückenmark, was zu Ataxie, Parese, progredienter Schwäche und Festliegen führen kann (FINLEY, 1975; SHERMAN UND AMES, 1986; RADOSTITS ET AL., 1994). Diese Stadien können in vier bis fünf Tagen durchlaufen werden (RADOSTITS ET AL., 1994). Auch Hypo- oder Hyperästhesie sowie Harn- oder Kotabsatzstörungen können beobachtet werden. Tiere mit einer Läsion des Rückenmarks kaudal des zweiten Thorakalwirbels werden oft in einer hundesitzigen Stellung angetroffen (REBHUN ET AL., 1984; RADOSTITS ET AL., 1994).

Für die intra-vitam Diagnose ist die neurologische Untersuchung, vor allem die Prüfung der Sensibilität und der spinalen Reflexe, von grosser Bedeutung (EVERS UND TELLHELM, 1989). Wertvolle weitergehende diagnostische Massnahmen sind die Radiologie, die Myelographie und die Tomographie (EVERS UND TELLHELM, 1989; RADOSTITS ET AL., 1994). Radiologische Veränderungen der Wirbelkörper können aber oft erst zwei bis acht Wochen nach dem Auftreten der Symptome beobachtet werden (MARKEL ET AL., 1986). Bei einer bakteriellen Besiedlung des Spinalkanals zeigt auch der *Liquor cerebrospinalis* Veränderungen (RADOSTITS ET AL., 1994). Blutchemische Untersuchungen können wichtige Hinweise für die differentialdiagnostische Abgrenzung geben (EVERS UND TELLHELM, 1989).

Literatur

- Evers P., Tellhelm B. (1989): Vertebrale Osteomyelitis bei einem Kalb - Bedeutung der neurologischen Untersuchung in der Pädiatrie. Tierärztl. Prax. 17: 245-249.

- Finley G.G. (1975): A survey of vertebral abscesses in domestic animals in Ontario. Can. Vet. J. 16: 114-117.

- Markel M.D., Madigan J.E., Lichtensteiger C.A., Large S.M., Hornof W.J. (1986): Vertebral body osteomyelitis in the horse. J. Am. Vet. Med. Assoc. 188: 632-634.

- Moss E., Radostits O.M., Kaye M.M., Leipold H.W. (1971): Osteomyelitis in a calf. J. Am. Vet. Med. Assoc. 158: 1369-1372.

- Orsini J.A. (1984): Strategies for treatment of bone and joint infections in large animals. J. Am. Vet. Med. Assoc. 185: 1190-1193.

- Radostits O.M., Blood D.C., Gay C.C. (1994): Diseases of the nervous system. In: Veterinary Medicine. A Textbook of the Diseases of Cattle, Sheep, Pigs, Goats and Horses. Eds. Radostits O.M., Blood D.C., Gay C.C., 8th ed., Baillière Tindall, London, Philadelphia, pp. 458-505.

- Rebhun W.C., de Lahunta A., Baum K.H., King J., Roth L. (1984): Compressive neoplasms affecting the bovine spinal cord. Comp. Contin. Educ. Pract. Vet. 6 (Suppl.): 396-400.

- Sherman D.M., Ames T.R.(1986): Vertebral body abscesses in cattle: A review of five cases. J. Am. Vet. Med. Assoc. 188: 608-611.

- Vandevelde M., Fankhauser R. (1987): Einführung in die veterinärmedizinische Neurologie. Pareys Studientexte 57, Verlag Paul Parey, Berlin und Hamburg, p 180.

- Wilensky A.O. (1927): The mechanism and pathogenesis of acute osteomyelitis. Am. J. Surg. 3: 281-289.

Neosporose

Infektionen mit dem protozoären Parasiten *Neospora caninum* wurden zuerst bei Hunden mit Myositis und Enzephalitis beschrieben (BJERKAS ET AL., 1984). Wegen grosser Ähnlichkeit wurde der Erreger allerdings bis ins Jahr 1988 mit *Toxoplasma gondii* verwechselt und erstmals von DUBEY ET AL. (1988) als *Neospora caninum* bezeichnet. Inzwischen konnten natürliche Infektionen auch bei anderen Tierarten wie Pferd, Rind, Schaf, Ziege und Hirsch nachgewiesen werden (DUBEY UND LINDSAY, 1996). Die Neosporose gilt weltweit als eine der Hauptursachen für Aborte beim Rind, mit einer Inzidenz von 4 bis 19% (ANDERSON ET AL., 1991; OTTER ET AL., 1995; MCNAMEE ET AL., 1996; BARR ET AL., 1997). Untersuchungen mit der Polymerase-Kettenreaktion (PCR) an 83 abortierten Feten in der Schweiz ergaben in 24 Fällen (29%) ein positives Resultat für *Neospora* (GOTTSTEIN ET AL., 1998). Es gibt auch Hinweise für eine erniedrigte Milchproduktion bei seropositiven Kühen (THURMOND UND HIETALA, 1997). Bei neugeborenen oder wenige Tage alten Kälbern kann die Neosporose zu zentralnervösen Störungen und Festliegen führen (O'TOOLE UND JEFFREY, 1987; PARISH ET AL., 1987; DUBEY 1989; DUBEY ET AL., 1989; BARR ET AL., 1991; DUBEY ET AL., 1992; BARR ET AL., 1993; GUNNING ET AL., 1994; COLLERY, 1995; LINDSAY ET AL., 1996). Die Neosporose wurde auch mit dem "stillbirth/perinatal weak calf syndrome" in Verbindung gebracht: Eine

Untersuchung an 73 tot oder lebensschwach geborenen Kälbern ergab in 5.5% der Fälle einen Antikörpertiter gegen *N. caninum* (GRAHAM ET AL., 1996).

Neospora caninum ist lichtmikroskopisch nicht mit Sicherheit von *Toxoplasma gondii* zu unterscheiden. Hingegen ist eine Differenzierung mit Hilfe der Elektronenmikroskopie, immunhistochemischer Färbung oder PCR möglich (BARR ET AL., 1997). Es wird vermutet, dass der Lebenszyklus von *N. caninum* demjenigen von *T. gondii* ähnlich ist. Erst vor kurzer Zeit konnte der Hund als Endwirt von *N. caninum* erkannt werden (MCALLISTER ET AL., 1998). Bisher konnte lediglich eine vertikale, nicht aber eine horizontale Übertragung festgestellt werden. Eine transplazentäre Übertragung von *N. caninum* wurde bisher beim Hund, Rind, Schaf, Pferd sowie bei der Katze, Ziege und Maus nachgewiesen (DUBEY UND LINDSAY, 1996; BARR ET AL., 1997). Es wird angenommen, dass während der Trächtigkeit bei Kühen eine latente Infektion reaktiviert wird, worauf der Parasit auf den Feten übertragen werden kann (BJÖRKMAN ET AL., 1996). Auf diese Weise kann die Infektion über mehrere Generationen weitergegeben werden, wobei nicht alle Nachkommen infiziert geboren werden (BJÖRKMAN ET AL., 1996; BARR ET AL., 1997). In einer Untersuchung konnte aber eine positive Beziehung zwischen der Seroprävalenz der Muttertiere für *N. caninum* und der Prävalenz der kongenitalen Infektion bei den Kälbern gezeigt werden (PARÉ ET AL., 1996). Die Überlebensrate der kongenital infizierten Kälber in den ersten 90 Lebenstagen war jedoch gegenüber den nicht infizierten Kälbern nicht erniedrigt.

Es wird vermutet, dass die kongenitale Infektion mit *N. caninum* beim Kalb in den meisten Fällen subklinisch verläuft (DUBEY UND LINDSAY, 1996; BARR ET AL., 1997), dass sie aber auch neurologische und muskuloskelettale Veränderungen unterschiedlichen Schweregrades zur Folge haben kann (DUBEY UND LINDSAY, 1996). Die meisten erkrankten Kälber liegen von Geburt an oder bald danach fest. Das bisher älteste beschriebene Kalb mit Neosporose war bei der Geburt unauffällig und zeigte die ersten zentralnervösen Symptome erst im Alter von zwei Wochen. Im Alter von vier Wochen lag es fest und wurde euthanasiert (DUBEY ET AL., 1992). Weitere Symptome sind Untergewicht (O'TOOLE UND JEFFREY, 1987; BARR ET AL., 1991), Sehnenkontrakturen an den Gliedmassen (BARR ET AL., 1991; GUNNING ET AL., 1994), gestörte Tiefensensibilität (PARISH ET AL., 1987; BARR ET AL., 1993), Ataxie (BARR ET AL., 1993), abgeschwächter Patellarreflex (BARR ET AL., 1993), vorgewölbte Stirn (BARR ET AL., 1991), TORTICOLLIS (PARISH ET AL., 1987), Skoliose (BARR ET AL., 1991) UND EXOPHTHALMUS (O'TOOLE UND JEFFREY, 1987).

Für den Nachweis einer Infektion mit *Neospora caninum* stehen verschiedene Methoden zur Verfügung (HENTRICH UND GOTTSTEIN, 1996; GOTTSTEIN ET AL., 1999):

1. Direkter Erreger-Nachweis: PCR, in-vitro Isolierung von *Neospora sp.* aus Abort- und anderem Gewebematerial, histopathologische sowie immunhistologische Untersuchungen

2. Indirekter Erreger-Nachweis (Serologie): Indirekter Immunofluoreszenz-Antikörpertest (IFAT), enzyme-linked immunosorbent assay (ELISA)

Über serologische Studien beim Rind, mehrheitlich im Zusammenhang mit Aborten, liegen zahlreiche Berichte vor (BARR ET AL., 1995; PARÉ ET AL., 1996; REICHEL UND DRAKE, 1996; BUXTON ET AL., 1997; OTTER ET AL., 1997; WILLIAMS ET AL., 1997). Bei lebend geborenen Kälbern scheint eine serologische Untersuchung nur sinnvoll, wenn präkolostrales Serum zur Verfügung steht. Eine Untersuchung von postkolostralem Serum erlaubt aber, jene Kälber zu identifizieren, die intrauterin einem Ansteckungsrisiko mit *N. caninum* ausgesetzt waren (BARR ET AL., 1993). Bisher wurde die postmortem Diagnose bei Kälbern vor allem aufgrund histologischer und immunhistochemischer Untersuchungen gestellt (DUBEY ET AL., 1989; BARR ET AL., 1991; DUBEY ET AL., 1992; GUNNING ET AL., 1994; COLLERY, 1995). GOTTSTEIN ET AL. (1999) kamen zum Schluss, dass mit der PCR eine zuverlässige Methode zur Diagnose der Neosporose bei abortierten Rinderfeten und bei perinatal gestorbenen Kälbern zur Verfügung steht. Diese Methode erlaubt auch eine eindeutige Abgrenzung zur Toxoplasmose.

Literatur

- Anderson M.L., Blanchard P.C., Barr B.C., Dubey J.P., Hoffman R.L., Conrad P.A. (1991): *Neospora*-like protozoan infection as a major cause of abortion in California dairy cattle. J. Am. Vet. Med. Assoc. 198: 241-244.

- Barr B.C., Conrad P.A., Dubey J.P., Anderson M.L. (1991): *Neospora*-like encephalomyelitis in a calf: pathology, ultrastructure, and immunoreactivity. J. Vet. Diagn. Invest. 3: 39-46.

- Barr B.C., Conrad P.A., Breitmeyer R., Sverlow K., Anderson M.L., Reynolds J., Chauvet A. E., Dubey J.P., Ardans A.A. (1993): Congenital *Neospora* infection in calves born from cows that had previously aborted *Neospora*-infected fetuses: Four cases (1990-1992). J. Am. Vet. Med. Assoc. 202: 113-117.

- Barr B.C., Anderson M.L., Sverlow K.W., Conrad P.A. (1995): Diagnosis of bovine fetal *Neospora* infection with an indirect fluorescent antibody test. Vet. Rec. 137: 611-613.

- Barr B.C., Bjerkas I., Buxton D., Conrad P.A., Dubey J.P., Ellis J.T., Jenkins M.C., Johnston S.A., Lindsay D.S., Sibley L.D., Trees A.J., Wouda W. (1997): Neosporosis. Report of the international *Neospora* workshop. Comp. Cont. Educ. Pract. Vet. 19: S120-S144.

- Bjerkas I., Mohn S.F., Presthus J. (1984): Unidentified cyst-forming sporozoan causing encephalomyelitis and myositis in dogs. Z. Parasitenkd. 70: 271-274.

- Björkman C., Johansson O., Stenlund S., Holmdahl O.J.M., Uggla A. (1996): *Neospora* species infection in a herd of dairy cattle. J. Am. Vet. Med. Assoc. 208: 1441-1444.

- Buxton D., Caldow G.L., Maley S.W., Marks J., Innes E.A. (1997): Neosporosis and bovine abortion in Scotland. Vet. Rec. 141: 649-651.

- Collery P.M. (1995): *Neospora* encephalomyelitis in a calf. Vet. Rec. 137: 52.

- Dubey J.P., Carpenter J.L., Speer C.A., Topper M.J., Uggla A. (1988): Newly recognized fatal protozoan disease of dogs. J. Am. Vet. Med. Assoc. 192: 1269-1285.

- Dubey J.P. (1989): Congenital neosporosis in a calf. Vet. Rec. 125: 486.

- Dubey J.P., Leathers C.W., Lindsay D.S. (1989): *Neospora caninum*-like protozoon associated with fatal myelitis in newborn calves. J. Parasitol. 75: 146-148.

- Dubey J.P., Janovitz E.B., Skowronek A.J. (1992): Clinical neosporosis in a 4-week-old Hereford calf. Vet. Parasitol. 43: 137-141.

- Dubey J.P., Lindsay D.S. (1996): Neosporosis – A newly recognized protozoan disease. J. Vet. Parasitol. 10: 99-145.

- Gottstein B., Hentrich B., Wyss R., Thür B., Busato A., Stärk K.D.C., Müller N. (1998): Molecular and immunodiagnostic investigations on bovine neosporosis in Switzerland. Int. J. Parasitol. 28: 679-691.

- Gottstein B., Hentrich B., Wyss R., Thür B., Bruckner L., Müller N., Kaufmann H., Waldvogel A. (1999): Molekular- und immundiagnostische Untersuchungen zur bovinen Neosporose in der Schweiz. Schweiz. Arch. Tierheilk. 141: 59-68.

- Graham D.A., Smyth J.A., McLaren I.E., Ellis W.A. (1996): Stillbirth/perinatal weak calf syndrome: serological examination for evidence of *Neospora caninum* infection. Vet. Rec. 139: 523-524.

- Gunning R.F., Gumbrell R.C., Jeffrey M. (1994): *Neospora* infection and congenital ataxia in calves. Vet. Rec. 134: 558.

- Hentrich B., Gottstein B. (1996): Diagnostik-Informationen: Neosporose. Informationsblatt des Instituts für Parasitologie der Veterinärmedizinischen und der Medizinischen Fakultät (IPB) der Universität Bern.

- Lindsay D.S., Dubey J.P., Blagburn B.L. (1996): Finding the cause of parasite-induced abortions in cattle. Vet. Med. 91: 64-71.

- McAllister M.M., Dubey J.P., Lindsay D.S., Jolley W.R., Wills R.A., McGuire A.M. (1998): Dogs are definitive hosts of *Neospora caninum*. Int. J. Parasitol. 28: 1473-1478.

- McNamee P.T., Trees A.J., Guy F., Moffett D., Kilpatrick D. (1996): Diagnosis and prevalence of neosporosis in cattle in Northern Ireland. Vet. Rec. 138: 419-420.

- O'Toole D., Jeffrey M. (1987): Congenital sporozoan encephalomyelitis in a calf. Vet. Rec. 121: 563-566.

- Otter A., Jeffrey M., Griffiths I.B., Dubey J.P. (1995): A survey of the incidence of *Neospora caninum* infection in aborted and stillborn bovine fetuses in England and Wales. Vet Rec. 136: 602-606.

33

- Otter A., Jeffrey M., Scholes S.F.E., Helmick B., Wilesmith J.W., Trees A.J. (1997): Comparison of histology with maternal and fetal serology for the diagnosis of abortion due to bovine neosporosis. Vet. Rec. 141: 487-489.

- Paré J., Thurmond M.C., Hietala S.K. (1996): Congenital Neospora caninum infection in dairy cattle and associated calfhood mortality. Can. J. Vet. Res. 60: 133-139.

- Parish S.M., Maag-Miller L., Besser T.E., Weidner J.P., McElwain T., Knowles D.P., Leathers C.W. (1987): Myelitis associated with protozoal infection in newborn calves. J. Am. Vet. Med. Assoc. 191: 1599-1600.

- Reichel M.P., Drake J.M. (1996): The diagnosis of Neospora abortions in cattle. New Zealand Vet. J. 44: 151-154.

- Thurmond M., Hietala S. (1997): Effect of Neospora caninum infection on milk production in first-lactation dairy cows. J. Am. Vet. Med. Assoc. 210: 672-674.

- Williams D.J.L., McGarry J., Guy F., Barber J., Trees A.J. (1997): Novel ELISA for detection of Neospora-specific antibodies in cattle. Vet. Rec. 140: 328-331.

IV. Mangelkrankheiten

Nutritive Muskeldystrophie

Die nutritive Muskeldystrophie (NMD) ist eine von verschiedenen Krankheiten, die durch einen Selen- und/oder Vitamin E-Mangel verursacht oder mit einem solchen in Zusammenhang gebracht werden (RADOSTITS ET AL., 1994A). Diese Krankheit kommt in den meisten Ländern der Welt vor (KENNEDY ET AL., 1987).

Die Bedeutung von Selen und Vitamin E im tierischen Organismus

Die Bedeutung von Selen als essentielles Spurenelement für den tierischen Organismus wurde von SCHWARZ und FOLTZ im Jahre 1957 erstmals beschrieben. Seither hat das Schrifttum über die biochemische Rolle von Selen und über Selenmangelkrankheiten bei Mensch und Tier ein beachtliches Ausmass angenommen.

Selen ist ein Bestandteil des Enzyms Glutathionperoxidase (GSH-Px), welches die Reduktion von Peroxiden katalysiert (ROTRUCK ET AL., 1973, OH ET AL., 1974; SUNDE UND HOEKSTRA, 1980; COMBS UND COMBS, 1986). Es erfüllt somit eine wichtige Funktion als Antioxidans. In dieser Hinsicht besteht ein Substitutionseffekt zwischen Selen und Vitamin E (COMBS UND COMBS, 1986; WOLFFRAM, 1992). Bei guter Vitamin E-Versorgung kann ein Selenmangel dadurch kompensiert werden, dass die Schädigung von Membranlipiden durch

Sauerstoff-Radikale durch das in den Membranen enthaltene Vitamin E kontrolliert wird. Bei guter Selenversorgung und einem Mangel an Vitamin E können Peroxide durch die GSH-Px eliminiert werden. Wenn aber die Zufuhr des einen unter einen kritischen Wert absinkt, können Symptome einer Mangelkrankheit durch das andere nicht verhindert werden (PUTMAN UND COMBEN, 1987). Ein Unterschied besteht im Wirkungsort dieser beiden Verbindungen: Vitamin E wirkt nur auf Membranstrukturen antioxidativ, die GSH-Px hingegen auch im Zytosol und in der Mitochondrienmatrix (SUNDE UND HOEKSTRA, 1980; NOHL, 1984). Damit lässt sich auch erklären, weshalb bestimmte Selen-Vitamin E-Mangelkrankheiten eher eine Folge einer ungenügenden Vitamin E-Versorgung, andere eher eine Folge einer ungenügenden Selen-Versorgung sind (SUNDE UND HOEKSTRA, 1980; RADOSTITS ET AL., 1994A).

Weitere bekannte oder mögliche biologische Funktionen von Selen sind die Beeinflussung des Prostaglandin-Metabolismus, der Metabolisierung und der Toxizität von Xenobiotika, des Häm-Metabolismus und der Spermatogenese (Literatur bei WOLFFRAM, 1992).

Vitamin E ist der generische Name für eine Gruppe lipidlöslicher Substanzen, die als Tocopherole und Tocotrienole bekannt sind (FRIEDRICH, 1988; RICE UND KENNEDY, 1988). Alle diese Substanzen wirken als Antioxidantien. In dieser Hinsicht am wirkungsvollsten ist das α-Tocopherol. Vitamin E ist nach RICE UND KENNEDY (1988) das beste in der Natur vorkommende lipophile Antioxidans und hat keine toxischen Nebenwirkungen. Es ist ein integraler Bestandteil der Zellmembran und schützt diese vor Lipidperoxidation. In den Geweben ist am meisten Vitamin E in jenen Membranen vorhanden, die die höchste Konzentration an mehrfach ungesättigten Fettsäuren haben (TAYLOR ET AL., 1976).

Ursachen eines Selen- oder Vitamin E-Mangels

Der Selenstatus der Tiere ist abhängig vom Selengehalt des Futters. GROCE ET AL. (1995) fanden eine enge Korrelation zwischen dem Selengehalt in den Futterpflanzen und im Vollblut von Rindern. Ersterer ist vor allem ein Resultat des Selengehalts im Boden, und dieser wiederum ist abhängig vom darunterliegenden Gestein (KUBOTA ET AL., 1967; RADOSTITS ET AL., 1994A; FOUCRAS ET AL., 1996). Die Verfügbarkeit des Selens für die Pflanzen ist von verschiedenen Faktoren abhängig. In sauren Böden ist Selen für die Pflanzen weniger verfügbar. Daher treten Selenmangelerscheinungen bei Tieren auf sauren Böden vermehrt auf (NATIONAL RESEARCH COUNCIL, 1988). Verschärft wird die

Selenunterversorgung zusätzlich durch die Belastung der Böden und der Nahrung mit den Schwermetallen Blei, Kadmium, Quecksilber und Zinn (Literatur bei KIEFFER, 1987). Laut Bodenanalysen des Amtes für Gewässerschutz und Wasserbau des Kantons Zürich ist die Belastung der Böden mit Blei und Kadmium im Kanton Zürich problematisch (WEGELIN, 1989). Ein hoher Schwefelgehalt im Boden wirkt sich ebenfalls ungünstig auf die pflanzliche Selenaufnahme aus. Dies könnte einer der Gründe sein, weshalb der Selengehalt der Pflanzen bei intensiver Düngung sinkt (RADOSTITS ET AL., 1994A). Tiefere Selengehalte werden in den Pflanzen auch im Frühling und nach heftigen Regenfällen festgestellt (WOLF ET AL., 1963; RADOSTITS ET AL., 1994A; FOUCRAS ET AL., 1996). Leguminosen und Gräser nehmen weniger Selen auf als Kräuter, insgesamt sind die Unterschiede zwischen verschiedenen Wiesenpflanzenarten vom selben Standort aber bescheiden (STÜNZI, 1989). Der grösste Teil (85%) des Wiesenfutters in der Schweiz enthält zu wenig Selen für eine ausreichende Versorgung der Tiere, d.h. weniger als 50 ppb (STÜNZI, 1989). Von grosser Bedeutung ist aber nicht nur der Selengehalt im Futter, sondern auch die Bioverfügbarkeit dieses Spurenelements. Da die intestinale Absorption ein wesentlicher Faktor für die Bioverfügbarkeit von Selen ist, könnten bei marginaler Selenversorgung diätetische Faktoren, die die Absorption von Selen aus dem Verdauungstrakt beeinflussen, über das Auftreten von Selenmangel-Symptomen entscheiden (WOLFFRAM, 1991).

Ein primärer Vitamin E-Mangel kommt vor allem vor, wenn Tiere mit Heu schlechter Qualität, mit Stroh oder Wurzelfrüchten gefüttert werden. Frisches Grünfutter, Grassilage, gutes Heu und Getreide enthalten hingegen genügend Vitamin E. Mit dem Alter der Pflanzen und während der Lagerung sinkt der Vitamin E-Gehalt ab (PUTNAM UND COMBEN, 1987).

Methoden zur Erfassung der Selenversorgung

Der Selenstatus eines Tieres kann direkt durch die Bestimmung des Selengehalts oder indirekt durch die Bestimmung der Aktivität der GSH-Px im Vollblut, Plasma oder Serum bestimmt werden (ULLREY, 1987; FORRER ET AL., 1991; KINOSHITA ET AL., 1996). Andere Autoren führten Selenbestimmungen im Lebergewebe (KIRK ET AL., 1995) und in der Milch (MATHIS, 1982), in den Haaren (MATHIS, 1982; WALTNER-TOEWS ET AL., 1986; DHILLON ET AL., 1992) oder im Klauenhorn (DHILLON ET AL., 1992) durch. Es besteht eine positive Korrelation zwischen dem Selengehalt im Vollblut oder im Serum und der Aktivität der GSH-Px in den Erythrozyten (THOMPSON ET AL., 1976; MATHIS, 1982; KOLLER ET AL., 1984B; STEVENS ET AL., 1985; COUNOTTE UND

HARTMANS, 1989; MAAS ET AL., 1993; KINOSHITA ET AL., 1996). Nach ULLREY (1987) gilt diese Beziehung allerdings nur bei mangelhafter Selenversorgung, jedoch nicht bei genügender bis hoher Selenzufuhr mit dem Futter. Ausser der selenabhängigen kommt auch eine selenunabhängige GSH-Px vor (LAWRENCE ET AL., 1978; SCHOLZ ET AL. 1981B; RICE UND KENNEDY, 1988). Aus diesem Grund ist nach FORRER ET AL. (1991) die Aussagekraft der GSH-Px-Aktivität beim Rind limitiert. SCHOLZ ET AL. (1981B) fanden jedoch in Milz, Herzmuskel, Erythrozyten, Hirn, Thymus, Fettgewebe und quergestreifter Muskulatur von Kälbern nur selenabhängige GSH-Px. Die stärkste selenunabhängige GSH-Px-Aktivität wurde in der Leber und in der Lunge festgestellt. MAAS ET AL. (1993) bezeichneten die Aktivität der GSH-Px in den Erythrozyten als biologisches Mass für den Selenstatus beim Rind. Die GSH-Px-Aktivität hat gegenüber der Selenkonzentration im Blut als Mass für den Selenstatus den Vorteil, dass sie einfacher zu bestimmen ist, kaum fehlerhafte Werte durch Kontamination ergibt und dass sie eher das biologisch verfügbare Selen widerspiegelt (SIDDONS UND MILLS, 1981).

Während die Selenkonzentration im Plasma, Serum und Vollblut nach einer Selensupplementierung unterversorgter Tiere rasch ansteigt, gibt es bei der GSH-Px-Aktivität in den Erythrozyten eine Verzögerung von vier bis sechs Wochen, weil Selen fast nur während der Erythropoese in die Erythrozyten eingebaut wird (THOMPSON ET AL., 1980; KOLLER UND EXON, 1986; ULLREY, 1987; MAAS ET AL., 1993). Bei neugeborenen Kälbern wurde jedoch bereits zwei Tage nach der ersten Seleninjektion ein Anstieg der GSH-Px-Aktivität im Vollblut gemessen (FELDMANN ET AL., 1998). Dieser Unterschied zu adulten Tieren wurde mit einer verstärkten Erythropoese bei Jungtieren erklärt. Die GSH-Px-Aktivität sagt etwas über die Selenzufuhr in den letzten Wochen vor der Untersuchung aus, während der Selengehalt des Blutes die aktuelle Versorgungslage widerspiegelt (KOLLER ET AL., 1984B; KESSLER, 1992). MAAS ET AL. (1993) fanden im Serum und im Vollblut schon fünf Stunden nach einer intramuskulären Seleninjektion maximale Selengehalte. Da die Selenkonzentration in den Erythrozyten wesentlich höher ist als im Plasma, werden im Vollblut 10-50% höhere Selenkonzentrationen gemessen als im Serum und im Plasma (ULLREY, 1987).

Als Screening-Test kann die Selenbestimmung im Lebergewebe herangezogen werden. Nach KIRK ET AL. (1995) ist ein Selenmangel unwahrscheinlich, wenn der Selengehalt in der Leber abortierter Feten 0.3 ppm übersteigt. Liegt der Selengehalt aber unter 0.3 ppm, sollten Selenbestimmungen im Vollblut der Muttertiere durchgeführt werden, um den Selenstatus der Herde zu bestimmen.

Tocopherol-Gehalte im Blut und in der Leber geben gute Informationen über den Vitamin E-Status eines Tieres. Solche Analysen sind aber relativ aufwendig und werden daher nicht routinemässig durchgeführt (RADOSTITS ET AL., 1994A). Eine HPLC/Fluorimetrie-Methode für die Separation und Messung von α-Tocopherol wurde beschrieben (MCMURRAY ET AL., 1980).

Referenzwerte für den Selenstatus beim Rind

Eine Übersicht über Referenzwertangaben verschiedener Autoren zum Selengehalt des Rindes im Blut, Serum, Klauenhorn, in der Leber und in den Haaren findet sich bei AUER (1994). SPRENGER (1995) veröffentlichte eine solche Zusammenstellung über den Selengehalt im Blut. Referenzwerte für den Selengehalt im Serum und Vollblut sowie für die GSH-Px-Aktivität nach VAN SAUN (1990) sind in Tabelle 1 dargestellt.

Tabelle 1: Referenzwerte zur Beurteilung des Selenstatus beim Rind aufgrund der Selenkonzentration im Blut und der GSH-Px-Aktivität im Vollblut (VAN SAUN, 1990)

Selenversorgung	Selenkonzentration		GSH-Px (mU/mg Hb)[a]
	Serum (µg/l)	Vollblut (µg/l)	
mangelhaft	< 40	10-40	0-15
marginal	40-70	50-90	15-25
bedarfsdeckend	> 70	> 100	> 25

[a] Enzymeinheiten (µmol oxidiertes NADPH pro Minute) pro mg Hämoglobin

Andere Autoren betrachteten eine Selenkonzentration von über 50 µg/l im Serum als bedarfsdeckend (STEVENS ET AL., 1985; KESSLER, 1990). FLEISCHER (1987) hat vorgeschlagen, bei der Beurteilung des Selenstatus nicht von Normalwerten auszugehen, sondern nach dem fünfstufigen Modell von KIRCHGESSNER (1986) mehrere Versorgungsbereiche zu unterscheiden. Nach diesem Modell wird von einer mangelhaften Versorgung erst dann gesprochen, wenn Symptome erkennbar sind. Die zweite Stufe stellt den suboptimalen

Bereich der Versorgung dar, bei dem keine Symptome, aber biochemische Veränderungen im Stoffwechsel gegenüber dem Optimalzustand vorhanden sind. Die optimale Versorgung nach diesem Modell gewährleistet volle Gesundheit und Leistungsfähigkeit. Die vierte und fünfte Stufe stellen die subtoxische bzw. toxische Versorgung dar. Wenn der Selengehalt im Vollblut unter 20-30 µg/l fällt, ist mit vermehrtem Auftreten von nutritiver Muskeldystrophie zu rechnen (MATHIS, 1982).

Beim Vitamin E gilt eine Konzentration von 2 mg/l im Serum als Grenzwert für das Auftreten von Mangelkrankheiten (RADOSTITS ET AL., 1994A). Allerdings spielen der Selenstatus sowie bedarfssteigernde Faktoren, z.B. ein hoher Gehalt an ungesättigten Fettsäuren im Futter, zusätzlich eine Rolle.

Auswirkungen eines Selen-/Vitamin E- Mangels

Selen-/Vitamin E-Mangelerscheinungen kommen bei verschiedenen Tierarten vor (Literatur bei COMBS UND COMBS, 1986), spielen aber vor allem bei Nutztieren eine Rolle (WOLFFRAM, 1992). Durch die Bildung von schwer- oder unlöslichen Metallseleniden in den Vormägen der Wiederkäuer ist die Absorption und damit die Bioverfügbarkeit des mit der Nahrung aufgenommenen Selens wesentlich verschlechtert, was diese Tierarten für einen Selenmangel besonders empfindlich macht (WOLFFRAM UND SCHARRER, 1988; WOLFFRAM, 1991). Beim jungen Wiederkäuer kommt hinzu, dass er über die Milch grosse Mengen vielfach ungesättigter Phospholipide aufnimmt und die fehlende Ausbildung der Pansenmikroflora weder eine Reduktion peroxidierter Nahrungsmittel noch die Bildung von Seleno-Aminosäuren möglich macht (NOHL, 1984). Beim Rind wurden folgende Krankheiten oder Störungen mit Selen- und/oder Vitamin E-Mangel in Verbindung gebracht: Nutritive Muskeldystrophie (NMD) (VAWTER UND RECORDS, 1947; MUTH, 1963; MATZKE UND WEISS, 1967; MARTIG ET AL., 1972; BOSTEDT, 1979; BERCHTOLD ET AL., 1990; RADOSTITS ET AL., 1994A; GRÜNDER UND AUER, 1995), Schwäche bei Neugeborenen (BOSTEDT, 1979), Kümmern und erhöhte Krankheitsanfälligkeit bei Kälbern (BOSTEDT ET AL., 1987), reduzierte Gewichtszunahmen (PIERCE ET AL., 1976; GLEED ET AL., 1983; BOSTEDT ET AL., 1987), Fruchtbarkeitsstörungen (JUKOLA ET AL., 1996B), Mastitis (WEISS ET AL., 1990; BRAUN ET AL., 1991; KLAWONN ET AL., 1996; JUKOLA ET AL., 1996B; NDIWENI UND FINCH, 1996), Immunsuppression (BOYNE UND ARTHUR, 1979; SWECKER ET AL., 1989; KOLB UND GRÜN, 1995; SWECKER, 1997) und Peritarsitis (EICKEN ET AL., 1992). Weitere Literaturangaben finden sich bei MAAS (1983) und RADOSTITS ET AL. (1994A).

Klinische Befunde bei nutritiver Muskeldystrophie beim Kalb

Bei der nutritiven Muskeldystrophie (NMD) beim Kalb wird zwischen einer akuten oder perakuten und einer subakuten Form unterschieden (VAWTER UND RECORDS, 1947; MATZKE UND WEISS, 1967; RADOSTITS ET AL., 1994A). Bei der akuten oder perakuten Form stehen Myokarddegenerationen und bei der subakuten Form Skelettmuskeldegenerationen im Vordergrund, wobei sich diese beiden Formen nicht gegenseitig ausschliessen. Die akute oder perakute Form beginnt mit Benommenheit, Atemnot und blutig-schaumigem Nasenausfluss. Die Herzfrequenz ist stark erhöht und der Herzrhythmus unregelmässig. Meistens liegen die Tiere in Seitenlage fest und sterben innerhalb von sechs bis zwölf Stunden nach dem Auftreten der ersten Symptome. Auch perakute Todesfälle während oder innerhalb von zehn Minuten nach dem Trinken wurden beschrieben (CAWLEY UND BRADLEY, 1978). Die subakute Form kommt häufiger vor. Die Krankheit beginnt mit Muskelschwäche, weshalb sich die Kälber nur ungern bewegen und viel liegen. Schwankender Gang, steife Bewegungen, Fussen auf den Klauenspitzen, Beugen der Karpalgelenke, Muskelzittern, Muskelkrämpfe, starkes Schwitzen und Myoglobinurie werden beobachtet. Die Schulter-, Rücken- und Hinterbackenmuskeln können geschwollen und verhärtet sein. Bei stehenden Tieren kann der dorsale Rand der Skapula die Rückenlinie überragen und die Schulterblätter können vom Körper weggedrückt werden. In fortgeschrittenen Fällen liegen die Patienten in Brustlage fest und können unter Umständen den Kopf nicht mehr anheben. Ist die Zwerchfell- und Interkostalmuskulatur stärker betroffen, kommt es zu Dyspnoe und abdominal betonter Atmung, was mit einer Pneumonie verwechselt werden kann. Bei Muskeldegenerationen in den oberen Abschnitten des Verdauungstrakts haben die Tiere Schluckbeschwerden. Die Körpertemperatur ist gewöhnlich im Normalbereich, kann aber auch erhöht sein, vermutlich als Folge von Schmerzen und des pyrogenen Effekts von Myoglobinämie (RADOSTITS ET AL., 1994A).

An NMD erkranken vor allem schnell wachsende Kälber im Alter von 2-4 Monaten. Als auslösende Faktoren kommen Stresssituationen wie Transporte, Haltungswechsel, Futterumstellungen, körperliche Anstrengung oder Witterungseinflüsse in Frage. Daneben kommt aber auch eine kongenitale Form der NMD infolge Unterversorgung des graviden Muttertieres mit Selen und/oder Vitamin E vor (MUTH, 1963; BOSTEDT, 1979). Solche Kälber zeigen allgemeine Lebensschwäche, mangelndes Stehvermögen, Schluckbeschwerden und Dyspnoe.

Pathologisch-anatomische und histologische Befunde bei nutritiver Muskeldystrophie beim Kalb

Bei Kälbern mit Myokarddegenerationen werden ein Lungenödem und gelbbraune oder graue Flecken oder Streifen im Myokard, vor allem subendokardial, festgestellt (VAWTER UND RECORDS, 1947). Sind die Skelettmuskulatur und die Zwerchfellmuskulatur betroffen, so lassen diese weisse oder graue, oft streifenförmige Bezirke erkennen (HULLAND, 1993; MATZKE UND WEISS, 1967; RADOSTITS ET AL., 1994A). Das Erscheinungsbild der degenerierten Muskelpartien wird gelegentlich als "gekocht", hühnerfleisch- oder fischähnlich bezeichnet (VAWTER UND RECORDS, 1947; MARTIG ET AL., 1972; BOSTEDT, 1979; RADOSTITS ET AL., 1994A). Die Läsionen sind bilateral symmetrisch. Das histologische Bild ist durch eine hyaline Degeneration von Muskelfasern oder Myokardfasern mit scholligem Zerfall und dystrophischen Verkalkungen gekennzeichnet (MATZKE UND WEISS, 1967; BERCHTOLD ET AL., 1990; HULLAND, 1993; RADOSTITS ET AL., 1994A).

Auswirkungen eines Selenmangels bei tragenden Kühen auf das Kalb

Die Selenversorgung der Muttertiere wirkt sich auf die Versorgung der noch ungeborenen und neugeborenen Kälber aus, da Selen diaplazentär auf den Feten übertragen wird und in diesem, wie auch im Kolostrum, angereichert wird (KOLLER ET AL., 1984A; CAMPBELL ET AL., 1990; SCHOLZ, 1991; SWECKER ET AL., 1991; ABDELRAHMAN UND KINCAID, 1995; KIRK ET AL., 1995). Allerdings muss auch mit einem materno-fetalen Transmissionsblock gerechnet werden (BOSTEDT ET AL., 1987). Die Selenkonzentration in der Milch nimmt in den ersten Tagen postpartum stark ab (KOLLER ET AL., 1984A; SCHOLZ, 1991).

In einer Untersuchung von LACERTA ET AL. (1996) produzierten Kühe, die während der Trockenzeit zweimal mit Vitamin E und Selen intramuskulär behandelt worden waren, in den ersten 36 Stunden postpartum 22% mehr Kolostrum als Kontrolltiere. Bei der Immunglobulinkonzentration im Kolostrum konnte jedoch zwischen den zwei Gruppen kein Unterschied festgestellt werden. Auch die Immunglobulinkonzentration im Plasma und das Wachstum von Kälbern, deren Mütter mit Selen supplementiert worden waren, unterschieden sich nicht von Kälbern der Kontrollkühe. ABDELRAHMAN UND KINCAID (1995) fanden eine positive Korrelation zwischen der Selenkonzentration im Blut, Plasma und in der Leber von neugeborenen Kälbern einerseits und der Selenkonzentration im Plasma der betreffenden Muttertiere zur Zeit des Abkalbens andererseits.

Die Diagnose der nutritiven Muskeldystrophie

Aufgrund anamnestischer Angaben und des klinischen Bildes kann in den meisten Fällen eine Verdachtsdiagnose gestellt werden. Diese kann durch die Bestimmung der Aktivität der Enzyme GSH-Px, Kreatin-Kinase (CK), Aspartat-Aminotransferase (AST) oder Alanin-Amino-Transferase (ALT) im Blutplasma oder Serum erhärtet werden (MARTIG ET AL., 1972; ALLEN ET AL., 1975; SIDDONS UND MILLS, 1981; MAAS, 1983; BERCHTOLD ET AL., 1990; RADOSTITS ET AL., 1994A; Literatur bei BRAUN ET AL., 1995; FOUCRAS ET AL., 1996). Die CK kommt fast nur in der Skelettmuskulatur und im Myokard vor (BRAUN ET AL., 1995; FOUCRAS ET AL., 1996) und ist daher der am häufigsten verwendete Parameter für die Diagnose von NMD (RADOSTITS ET AL., 1994A). Der Anstieg der CK-Aktivität im Blutplasma kann bei einer Myopathie das 1000-fache des Normalwertes erreichen (ALLEN ET AL., 1975). Der Grad des Anstiegs ist nach BRAUN ET AL. (1995) nur schlecht mit dem Grad der makroskopischen und mikroskopischen Muskelläsionen korreliert. Gemäss anderen Autoren hingegen ist der Anstieg der CK-Aktivität direkt proportional zum Muskelschaden (RADOSTITS ET AL., 1994A). Nach einer erfolgreichen Therapie sinkt die Aktivität der CK im Verhältnis zur Abnahme der Symptome (SMITH ET AL., 1994). Da die Halbwertszeit der CK im Blut mit 2-4 Stunden beim Rind nur kurz ist, sinkt der Spiegel nach dem Sistieren der degenerativen Vorgänge rasch ab (RADOSTITS ET AL., 1994A).

Therapie der nutritiven Muskeldystrophie

Wegen den sich überlappenden Funktionen von Vitamin E und Selen ist es empfehlenswert, therapeutisch eine Kombination dieser beiden Stoffe einzusetzen (RADOSTITS ET AL., 1994A). Die empfohlene Dosis ist 0.1-0.2 mg Na-Selenit/kg Körpergewicht (KGW) und 5 -10 mg Vitamin E (α-Tokopherol)/kg KGW intramuskulär (BERCHTOLD ET AL., 1990; SCHOLZ, 1991; ANDREWS, 1992; RADOSTITS ET AL., 1994A). Tiere, die an akuter NMD mit myokardialer Beteiligung erkrankt sind, sprechen in der Regel nicht auf die Therapie an. Die Letalitätsrate ist etwa 90%. Patienten mit subakuter NMD zeigen meistens eine Besserung innerhalb von drei Tagen nach der Therapie und können nach einer Woche wieder stehen und gehen (RADOSTITS ET AL., 1994A). In einer Untersuchung von GRÜNDER UND AUER (1995) konnten bei Behandlung in den ersten drei Krankheitstagen 79% der Patienten geheilt werden, während Patienten, die länger als eine Woche festlagen, in der Regel nicht überlebten.

Prophylaxe von Selen- und Vitamin E-Mangel

Über den täglichen Selenbedarf für Wiederkäuer existieren unterschiedliche Angaben. Mehrheitlich wird ein Selenangebot von 0.1 mg/kg Trockensubstanz (TS) als bedarfsdeckend betrachtet (KESSLER, 1992). Die Empfehlungen des NATIONAL RESEARCH COUNCIL (1988) liegen bei 0.3 ppm (= 0.3 mg/kg) für Rinder. In der Schweiz wird für Milchkühe eine Selenkonzentration von 0.1 mg/kg TS und für Kälber eine solche von 0.15 mg/kg TS in der Gesamtration empfohlen (JANS UND KESSLER, 1994; EGGER UND KESSLER, 1994). Liegt der Gehalt unter 30-50 µg/kg TS (= 0.03-0.05 mg/kg), ist mit Erkrankungen an NMD zu rechnen (Literatur bei MATHIS, 1982). Nach ABDELRAHMAN UND KINCAID (1995) ist eine Supplementierung der hochträchtigen Kühe mit mehr als 3 mg Selen/Tag notwendig, damit die Kälber mit einer Selenkonzentration im Blutplasma von mindestens 50 µg/l geboren werden. Zur Prävention der NMD wird empfohlen, die Muttertiere mit Selen zu behandeln, falls Krankheitsfälle in den ersten Lebenswochen der Kälber auftreten, hingegen die Kälber direkt mit Selen zu versorgen, falls das Problem später auftritt (RADOSTITS ET AL., 1994A). Der Selenbedarf wird unter anderem erhöht bei Mangel an Methionin, Cystein, Vitamin E, Eisen, bei kohlenhydratreichen Rationen, bei Überschuss an Kalzium, Kupfer, Zink und Kadmium sowie bei hoher Nitrataufnahme und Futtermitteln mit hohem Blausäuregehalt (KESSLER, 1990). Eine Übersicht über mögliche prophylaktische Massnahmen gegen Selenmangel beim Wiederkäuer findet sich bei KESSLER (1992). Zur Verbesserung des Selenstatus bei Kälbern bieten sich folgende Möglichkeiten an:

- Generelle Supplementierung der Futterration aller Tiere im Bestand durch selenangereichertes Mineralsalz oder Kraftfutter (JENKINS ET AL., 1974; EVERSOLE ET AL., 1988; SCHOLZ, 1988; SWECKER ET AL., 1991). Verschiedene Untersuchungen zeigten, dass Wiederkäuer organisches Selen in Form von Se-Hefen besser verwerten als anorganisches Na-Selenit (NICHOLSON ET AL., 1991; FISHER ET AL., 1995; BOLTSHAUSER UND KESSLER, 1990)

- Perorale oder parenterale Selengaben beim Muttertier während der Trächtigkeit (PEHRSON UND JOHNSSON, 1985A; PEHRSON UND JOHNSSON, 1985B; SWECKER ET AL., 1991)

- Verabreichung eines Selenbolus an die Mutterkuh oder das Kalb (ab ca. 100 kg Körpergewicht) (CAMPBELL ET AL., 1990; SUMNER, 1990; ABDELRAHMAN UND KINCAID, 1995; GRACE ET AL., 1997; HEMINGWAY ET AL., 1997)

- Tränke mit einem selenangereicherten Milchaustauscher oder Anreicherung der Vollmilch mit einem selenhaltigen Wirkstoffkonzentrat (SCHOLZ ET AL.,

1981A; SCHOLZ, 1991)

- Perorale oder parenterale Selen-Vitamin E-Applikation beim neugeborenen Kalb oder in den ersten Lebenswochen (PEHRSON UND JOHNSSON, 1985A; PEHRSON UND JOHNSSON, 1985B; SWECKER ET AL., 1991)

- Selendüngung (WAGNER, 1988; KUMPULAINEN, 1989; BOLTSHAUSER UND KESSLER, 1990; ANDREWS, 1992; JUKOLA ET AL., 1996A; BÖHNKE ET AL, 1997). Die Selendüngung ist in der Schweiz nicht erlaubt

Der Vitamin E-Bedarf eines Tieres entspricht jener Menge, die notwendig ist, um eine Peroxidation in denjenigen subzellulären Membranen zu verhindern, die auf Peroxidation am empfindlichsten sind (RICE UND KENNEDY, 1988). Die Gefahr der Peroxidation ist variabel und hängt von der Menge der ungesättigten Fettsäuren in der Membran, von den Faktoren, die die Rate der Peroxidbildung bestimmen und von der Konzentration anderer Peroxidations-Antagonisten ab. Bei rauhfutterverzehrenden Tieren ist der Vitamin E-Bedarf in der Regel gedeckt, wenn sie Grundfutter guter Qualität erhalten, besonders in der Weidesaison (FOUCRAS ET AL., 1996). Folgende Umstände erhöhen den Vitamin E-Bedarf: Ein hoher Gehalt an ungesättigten Fettsäuren oder Nitrat im Futter, ein Überschuss an Vitamin A und β-Karotin, pilzliche Schadstoffe und Stress (KESSLER, 1990). Die schweizerischen Fütterungsnormen für Kälber liegen bei 30 IE Vitamin E/kg TS (EGGER UND KESSLER, 1994). KESSLER (1990) empfiehlt 40-100 mg Vitamin E/Kalb und Tag (1 IE Vitamin E = 1mg α-Tocopherolazetat).

Selentoxizität

Eine übermässige Zufuhr von Selen führt zu Vergiftungserscheinungen. Da die Toxizität von Selen durch verschiedene Faktoren beeinflusst wird, sind die Angaben über die toxische Dosis uneinheitlich. Nach KESSLER (1992) spielen unter anderem die chemische Form des zugeführten Selens, die Dauer der Aufnahme und die Zusammensetzung der Ration eine Rolle. Eine tägliche Selenaufnahme von 0.25 mg/kg Körpergewicht ist toxisch für das Rind (RADOSTITS ET AL., 1994B). Der Selengehalt in der Ration sollte 0.5-2.0 mg/kg TS (KESSLER, 1992), gemäss anderen Angaben 5 mg/kg TS (RADOSTITS ET AL., 1994B) nicht überschreiten. Anzeichen einer akuten Selenvergiftung sind schwere Atemnot, Unruhe, Anorexie, Speicheln, wässeriger Durchfall, Fieber, Tachykardie, abnorme Haltung, Gangstörungen, Erschöpfung und Tod (RADOSTITS ET AL., 1994B). Zwei chronische Formen der Selenvergiftung sind unter den Namen "blind staggers" und "alkali disease" bekannt (STÖBER, 1970;

RADOSTITS ET AL., 1994B). Beim "blind staggers" sondern sich die Tiere von der Herde ab, wandern ziellos und oft im Kreis umher. Einige dieser Patienten werden blind, zeigen einen taumelnden Gang und stolpern. Im Endstadium kommt es zu Lähmungen und Tod durch Atemschwäche. Die "alkali disease" ist durch mangelnde Vitalität, Abmagerung, rauhes Haarkleid, Steifheit, stelzend-ataktischen Gang und Lahmheit gekennzeichnet. Es können auch Klauenveränderungen mit Schwellungen des Kronsaums und ringförmigen Spaltbildungen entlang oder parallel zum Kronsaum auftreten (STÖBER, 1970; DHILLON ET AL., 1992; RADOSTITS ET AL., 1994B).

Literatur

- Abdelrahman M.M., Kincaid R.L. (1995): Effect of selenium supplementation of cows on maternal transfer of selenium to fetal and newborn calves. J. Dairy Sci . 78: 625-630.

- Allen W.M., Bradley R., Berrett S., Parr W.H., Swannack K., Barton C.R.Q., Macphee A. (1975): Degenerative myopathy with myoglobinuria in yearling cattle. Br. vet. J. 131: 292-308.

- Andrews A.H. (1992): Other calf problems. In: Bovine Medicine. Diseases and Husbandry of Cattle. Eds. Andrews A.H., Blowey R.W., Boyd H., Eddy R.G., Blackwell Scientific Publications, Oxford, London, pp. 213-228.

- Auer S. (1994): Untersuchungen zur Selenversorgungslage des Patientengutes der Medizinischen und Gerichtlichen Veterinärklinik II der Justus-Liebig-Universität Giessen und einiger Rinderbestände aus dem Einzugsbereich der Klinik. Vet. med. Diss. Giessen.

- Berchtold M., Zaremba W., Grunert E. (1990): Kälberkrankheiten. In: Neugeborenen- und Säuglingskunde der Tiere. Hrsg. Walser K. und Bostedt H., Ferdinand Enke Verlag, Stuttgart, pp. 260-335.

- Böhnke H.J., Klasink A., Ehlers J. (1997): Selengehalte im Blut von Rindern im Weser-Ems-Gebiet sowie Effekt einer Se-Düngung der Weideflächen auf den Se-Gehalt im Aufwuchs und im Blut von Weiderindern auf einem extremen Selenmangel-Standort. Dtsch. tierärztl. Wschr. 104: 534-536.

- Boltshauser M., Kessler J. (1990): Verwertung von Selen unterschiedlicher Herkunft durch den Wiederkäuer. Landw. Schweiz 3: 59-63.

- Bostedt H. (1979): Über die ernährungsbedingte Muskeldystrophie bei Jungtieren in den ersten Lebenstagen und -wochen. Prakt. Tierarzt 60, Collegium veterinarium 45-50.

- Bostedt H., Jekel E., Schramel P. (1987): Bestimmungen von Selenkonzentrationen im Blutplasma neugeborener Kälber – ihre Bedeutung aus klinischer Sicht. Tierärztl. Prax. 15: 369-372.

- Boyne R., Arthur J.R. (1979): Alterations of neutrophil function in selenium-deficient cattle. J. Comp. Path. 89: 151-158.

- Braun U., Forrer R., Fürer W., Lutz H. (1991): Selenium and vitamin E in blood sera of cows from farms with increased incidence of disease. Vet. Rec. 128: 543-547.

- Braun J.P., Lefebvre H., Bézille P., Rico A.G., Toutain P.L. (1995): La créatine kinase chez les bovins: une revue. Revue Méd. Vét. 146: 615-622.

- Campbell D.T., Maas J., Weber D.W., Hedstrom O.R., Norman B.B. (1990): Safety and efficacy of two sustained-release intrareticular selenium supplements and the associated placental and colostral transfer of selenium in beef cattle. Am. J. Vet. Res. 51: 813-817.

- Cawley G.D., Bradley R., (1978): Sudden death in calves associated with acute myocardial degeneration and selenium deficiency. Vet. Rec. 103: 239-240.

- Combs G.F., Jr., Combs S.B. (1986): The Role of Selenium in Nutrition. Eds. Combs G.F., Jr. and Combs S.B., Academic Press Inc., Orlando, San Diego.

- Counotte G.H.M., Hartmans J. (1989): Relation between selenium content and glutathion-peroxidase activity in blood of cattle. Veterinary Quarterly 11: 155-160.

- Dhillon K.S., Randhawa S.S., Dhillon S.K., Randhawa C.S. (1992): Geomedical studies on selenium toxicity in bovines. Proc. XVII World Congr. Dis. Cattle, St. Paul, Minnesota/USA, 351-356.

- Egger I., Kessler J. (1994): Fütterungsempfehlungen für das Mastkalb. In: Fütterungsempfehlungen und Nährwerttabellen für Wiederkäuer, 3. Aufl., Landwirtschaftliche Lehrmittelzentrale, Zollikofen, pp.123-139.

- Eicken K., Scholz H., Stockhofe-Zurwieden N. (1992): Mangelhafte Selen und Vitamin-E-Versorgung als Ursache für bestandsweise auftretende Peritarsitiden beim Rind. Tierärztl. Umschau 47: 843-847.

- Eversole D.E., Thatcher C.D., Blodgett D.J., Meldrum J.B., Kent H.D. (1988): Repletion of blood selenium concentrations in weaned beef calves. Cornell Vet. 78: 75-87.

- Feldmann M., Jachens G., Höltershinken M., Scholz H. (1998): Auswirkungen einer Selen/Vitamin-E-Substitution auf die Entwicklung neugeborener Kälber in Selenmangelbetrieben. Tierärztl. Prax. 26 (G): 200-204.

- Fisher D.D., Saxton S.W., Elliot R.D., Beatty J.M. (1995): Effects of selenium source on Se status of lactating cows. Vet. Clin. Nutr. 2: 68-74.

- Fleischer D.C. (1987): Selen- und Vitamin E-Gehalt im Blutserum von Kühen mit unterschiedlicher Fruchtbarkeit. Vet. med. Diss. Zürich.

- Forrer R., Gautschi K., Lutz H. (1991): Comparative determination of selenium in the serum of various animal species and humans by means of electrothermal atomic absorption spectrometry. J. Trace Elem. Electrolytes Health Dis. 5: 101-113.

- Foucras G., Schelcher F., Valarcher J.F., Espinasse J. (1996): La dystrophie musculaire nutritionelle chez les ruminants. Point Vét. 27: 841-846.

- Friedrich W. (1988): Vitamin E. In: Friedrich W.: Vitamins. De Gruyter. pp. 217-283.

- Gleed P.T., Allen W.M., Mallinson C.B., Rowlands G.J., Sansom B.F., Vagg M.J., Caswell R.D. (1983): Effects of selenium and copper supplementation on the growth of beef steers. Vet. Rec. 113: 388-392.

- Grace N.D., Lee J., Mills R.A., Death A.F. (1997): Influence of Se status on milk Se concentrations in dairy cows. N. Z. J. Agr. Res. 40: 75-78.

- Groce A.W., Taylor C.E., Pettry D.E., Kerr L.A. (1995): Levels of selenium and other essential minerals in forages, bovine blood and serum relative to soil type. Vet. Clin. Nutr. 2: 146-152.

- Gründer H.D., Auer S. (1995): Selenversorgung in hessischen Rinderbeständen und Möglichkeiten der Prophylaxe. Tierärztl. Umschau 50: 250-255.

- Hemingway R.G., Parkins J.J., Ritchie N.S. (1997): Sustained-release boluses to supply trace elements and vitamins to calves. Vet. J. 153: 221-224.

- Hulland T.J. (1993): Muscle and tendon. In: Jubb K.V.F., Kennedy P.C., Palmer N.: Pathology of Domestic Animals. 4th ed., Vol 1, Academic Press, Inc., San Diego, New York, pp. 183-265.

- Jans F., Kessler J. (1994): Fütterungsempfehlungen für die Milchkuh. In: Fütterungsempfehlungen und Nährwerttabellen für Wiederkäuer, 3. Aufl., Landwirtschaftliche Lehrmittelzentrale, Zollikofen, pp. 83-112.

- Jenkins K.J., Hidiroglou M., Wauthy J.M., Proulx J.E. (1974): Prevention of nutritional muscular dystrophy in calves and lambs by selenium and vitamin E additions to the maternal mineral supplement. Can J. Anim. Sci. 54: 49-60.

- Jukola E., Hakkarainen J., Saloniemi H., Sankari S. (1996a): Effect of selenium fertilization on selenium in feedstuffs and selenium, vitamin E, and β-Carotene concentrations in blood of cattle. J. Dairy Sci. 79: 831-837.

- Jukola E., Hakkarainen J., Saloniemi H., Sankari S. (1996b): Blood selenium, vitamin E, vitamin A, and β-Carotene concentrations and udder health, fertility treatments, and fertility. J. Dairy Sci. 79: 838-845.

- Kennedy S., Rice D.A., Davidson W.B. (1987): Experimental myopathy in vitamin E- and selenium-depleted calves with and without added dietary polyunsaturated fatty acids as a model for nutritional degenerative myopathy in ruminant cattle. Res. Vet. Sci. 43: 384-394.

- Kessler J. (1990): Selen und Vitamin E beim Wiederkäuer: Eine aktuelle Übersicht. Informationstagung der Forschungsanstalt Posieux, FAG vom 5. Oktober 1990.

- Kessler J. (1992): Selenmangel beim Wiederkäuer: Eine Übersicht über mögliche Vorbeugemassnahmen. Landw. Schweiz 5: 555-560.

- Kieffer F. (1987): Selen, ein medizinisch bedeutungsvolles Spurenelement. Ars Med. (2), 60-74.

- Kinoshita C., Saze K.-I., Kumata S., Mastuki T., Homma S. (1996): A simplified method for the estimation of glutathione peroxidase activity and selenium concentration in bovine blood. J. Dairy Sci. 79: 1543-1548.

- Kirchgessner M. (1986): Experimentelle Ergebnisse aus der ernährungsphysiologischen und metabolischen Spurenelementforschung. Tagungsbericht 27. Nov. 1986, ETH Zürich, Inst. f. Nutztierwissenschaften.

- Kirk J.H., Terra R.L, Gardner I.A., Wright J.C., Case J.T., Maas J. (1995): Comparison of maternal blood and fetal liver selenium concentrations in cattle in California. Am. J. Vet. Res. 56: 1460-1464.

- Klawonn, W., Landfried K., Müller C., Kühl J., Salewski A., Hess R.G. (1996): Zum Einfluss von Selen auf Gesundheit und Stoffwechsel von Milchkühen. Tierärztl. Umschau 51: 411-417.

- Kolb E., Grün E. (1995): Die Bedeutung des Vitamins E und des Selens für das Immunsystem des Rindes, insbesondere für die Eutergesundheit. Prakt. Tierarzt 76: 749-756.

- Koller L.D., Whitbeck G.A., South P.J. (1984a): Transplacental transfer and colostral concentrations of selenium in beef cattle. Am. J. Vet. Res. 45: 2507-2510.

- Koller L.D., South P.J., Exon J.H., Whitbeck G.A., Maas J. (1984b): Comparison of selenium levels and glutathione peroxidase activity in bovine whole blood. Can. J. Comp. Med. 48: 431-433.

- Koller L.D., Exon J.H. (1986): The two faces of selenium - deficiency and toxicity - are similar in animals and man. Can. J. Vet. Res. 50: 297-306.

- Kubota J., Allaway W.H., Carter D.L., Cary E.E., Lazar V.A. (1967): Selenium in crops in the United States in relation to selenium-responsive diseases of animals. J. Agr. Food Chem. 15: 448-453.

- Kumpulainen J. (1989): Selenium: Requirement and supplementation. Acta Paediatr. Scand. Suppl. 351: 114-117.

- Lacerta N., Bernabucci U., Ronchi B., Nardone A. (1996): Effects of selenium and vitamin E administration during a late stage of pregnancy on colostrum and milk production in dairy cows, and on passive immunity and growth of their offspring. Am. J. Vet. Res. 57: 1776-1780.

- Lawrence R.A., Parkhill L.A., Burk R.F. (1978): Hepatic cytosolic non selenium-dependent glutathione peroxidase activity: Its nature and the effect of selenium deficiency. J. Nutr. 108: 981-987.

- Maas J.P. (1983): Diagnosis and management of selenium-responsive diseases in cattle. Comp. Cont. Educ. Pract. Vet. 5: S393-399.

- Maas J., Peauroi J.R., Tonjes T., Karlonas J., Galey F.D., Han B. (1993): Intramuscular selenium administration in selenium-deficient cattle. J. Vet. Int. Med. 7: 342- 348.

- Martig J., Gerber H., Germann F., Hauswirth H.K., Tontis A. (1972): Untersuchungen zum Zitterkrampf des Kalbes, einer Verlaufsform der Weissmuskelkrankheit. Schweiz. Arch. Tierheilk. 114: 266-275.

- Mathis A. (1982): Zur Selenversorgung des Rindviehs in der Schweiz: Untersuchungen auf Ammen- und Mutterkuhbetrieben. Vet. med. Diss. Zürich.

- Matzke P., Weiss E. (1967): Zur Weissmuskelkrankheit der Mastkälber. Berl. Münch. Tierärztl. Wschr. 80: 244-246.

- McMurray C.H., Blanchflower W.J., Rice D.A. (1980): Influence of extraction techniques on determination of α-tocopherol in animal feedstuffs. J. Assoc. Off. Anal. Chem. 63: 1258-1261.

- Muth O.H. (1963): White muscle disease, a selenium-responsive myopathy. J. Am. Vet. Med. Assoc. 142: 272-277.

- Ndiweni N., Finch J.M. (1996): Effects of in vitro supplementation with α-tocopherol and selenium on bovine neutrophil functions: implications for resistance to mastitis. Vet. Immunol. Immunopathol. 51: 67-78.

- Nicholson J.W.G., McQueen R.E., Bush R.S. (1991): Response of growing cattle to supplementation with organically bound or inorganic sources of selenium or yeast cultures. Can. J. Anim. Sci. 71: 803-811.

- Nohl H. (1984): Biochemische Grundlagen Vitamin-E- und Selen-Mangel-bedingter Erkrankungen. Wien. tierärztl. Mschr. 71: 217-223.

- National Research Council (1988): Nutrient requirements of dairy cattle. 6th rev. ed., National Academy Press, Washington D.C.

- Oh S.H., Ganther H.E., Hoekstra W.G. (1974): Selenium as a component of glutathione peroxidase isolated from ovine erythrocytes. Biochemistry 13: 1825-1829.

- Pehrson B., Johnsson S. (1985a): Addition of selenium to beef cattle given a selenium-deficient diet. Zbl. Vet. Med. A, 32: 428-432.

- Pehrson B., Johnsson S. (1985b): The effect of single, peroral doses of selenium in beef cows and suckling calves. Zbl. Vet. Med. A, 32: 433-436.

- Pierce C., Robinson J., Clawson W.J. (1976): Calf response to repeated Cu-Se injections. J. Anim. Sci. 42: 1574-1575.

- Putnam M.E., Comben N. (1987): Vitamin E. Vet. Rec. 121: 541-545.

- Radostits O.M., Blood D.C., Gay C.C. (1994a): Diseases caused by nutritional deficiencies. In: Veterinary Medicine. A Textbook of the Diseases of Cattle, Sheep, Pigs, Goats and Horses. Eds. Radostits O.M., Blood D.C., Gay C.C., 8th ed., Baillière Tindall, London, Philadelphia, pp. 1368-1453.

- Radostits O.M., Blood D.C., Gay C.C. (1994b): Diseases caused by inorganic and farm chemicals. In: Veterinary Medicine. A Textbook of the Diseases of Cattle, Sheep, Pigs, Goats and Horses. Eds. Radostits O.M., Blood D.C., Gay C.C., 8th ed., Baillière Tindall, London, Philadelphia, pp. 1467-1531.

- Rice D., Kennedy S. (1988): Vitamin E: function and effects of deficiency. Br. vet. J. 144: 482-496.

- Rotruck J.T., Pope A.L., Ganther H.E., Swanson A.B., Hafeman D.G., Hoekstra W.G. (1973): Selenium: Biochemical role as a component of glutathione peroxidase. Science 179: 588-590.

- Scholz R.W., Todhunter D.A., Cook L.S. (1981a): Selenium content and glutathione peroxidase activity in tissues of young cattle fed supplemented whole milk diets. Am. J. Vet. Res. 42: 1718-1723.

- Scholz R.W., Cook L.S., Todhunter D.A. (1981b): Distribution of selenium-dependent and non-selenium-dependent glutathione peroxidase activity in tissues of young cattle. Am. J. Vet. Res. 42: 1724-1729.

- Scholz H. (1988): Selen-/Vitamin-E-Mangel – Realität auch in unseren Rinderpraxen? Prakt. Tierarzt 69, Collegium veterinarium XIX, 22-27.

- Scholz H. (1991): Selen-Vitamin-E: Bedeutung und Versorgung beim Kalb. Tierärztl. Umschau 46: 194-202.

- Schwarz K., Foltz C.M. (1957): Selenium as an integral part of factor 3 against dietary necrotic liver degeneration. J. Am. Chem. Soc. 79: 3292-3293.

- Siddons R.C., Mills C.F. (1981): Glutathione peroxidase activity and erythrocyte stability in calves differing in selenium and vitamin E status. Br. J. Nutr. 46: 345-355.

- Smith G.M., Fry J.M., Allen J.G., Costa N.D. (1994): Plasma indicators of muscle damage in a model of nutritional myopathy in weaner sheep. Aust. Vet. J. 71: 12-17.

- Sprenger D. (1995): Untersuchungen über die Wirksamkeit des Dura Se - 120® Bolus zur Behandlung des Selenmangels in Rinderbeständen. Vet. med. Diss. Giessen.

- Stevens J.B., Olson W.G., Kraemer R., Archambeau J. (1985): Serum selenium concentrations and glutathione peroxidase activities in cattle grazing forages of various selenium concentrations. Am. J. Vet. Res. 46: 1556-1560.

- Stöber M. (1970): Vergiftungen. In: Krankheiten des Rindes. Hrsg. Rosenberger G., Parey Verlag, Berlin, Hamburg, pp. 1120-1333.

- Stünzi H. (1989): Selenmangel? Untersuchungen zum Selenstatus des Wiesenfutters. Landw. Schweiz. 2: 437-441.

- Sumner G.J. (1990): Safety and efficacy of a bovine sustained release selenium device. Bovine Pract. 25: 147.

- Sunde R.A., Hoekstra W.G. (1980): Structure, synthesis and function of glutathione peroxidase. Nutr. Rev. 38: 265-273.

- Swecker W.S., Eversole D.E., Thatcher C.D., Blodgett D.J., Schurig G.G., Meldrum J.B. (1989): Influence of supplemental selenium on humoral immune responses in weaned beef calves. Am. J. Vet. Res. 50: 1760-1763.

- Swecker W.S., Eversole D.E., Thatcher C.D., Blodgett D.J. (1991): Selenium supplementation of gestating beef cows on selenium-deficient pastures. Agri-Practice 12: 25-30.

- Swecker W.S. (1997): Selenium and immune function in cattle. Comp. Cont. Educ. Pract. Vet. 19: S248-S255.

- Taylor S.L., Lamden M.P., Tappel A.L. (1976): Sensitive fluorimetric method for tissue tocopherol analysis. Lipids 11: 530-538.

- Thompson R.H., McMurray C.H., Blanchflower W.J. (1976): The levels of selenium and glutathione peroxidase activity in blood of sheep, cows and pigs. Res. Vet. Sci. 20: 229-231.

- Thompson K.G., Fraser A.J., Harrop B.M., Kirk J.A. (1980): Glutathione peroxidase activity in bovine serum and erythrocytes in relation to selenium concentrations of blood, serum and liver. Res. Vet. Sci. 28: 321-324.

- Ullrey D.E. (1987): Biochemical and physiological indicators of selenium status in animals. J. Anim. Sci. 65: 1712-1726.

- Van Saun R.J. (1990): Rational approach to selenium supplementation essential. Feedstuffs 62: 15-17.

- Vawter L.R., Records E. (1947): Muscular dystrophy (White muscle disease) in young calves. J. Am. Vet. Med. Assoc. 110: 152-157.

- Wagner D. (1988): Managing selenium-deficient pastures. Agri-Practice 9: 3-5.

- Waltner-Toews D., Martin S.W., Meek A.H. (1986): Selenium content in the hair of newborn dairy heifer calves and its association with preweaning morbidity and mortality. Can. J. Vet. Res. 50: 347-350.

- Wegelin T. (1989): Schadstoffbelastung des Bodens im Kanton Zürich. Hrsg. Direktion der öffentlichen Bauten des Kantons Zürich, Schellenberg Druck AG, Zürich.

- Weiss W.P., Hogan J.S., Smith K.L., Hoblet K.H. (1990): Relationships among selenium, vitamin E, and mammary gland health in commercial dairy herds. J. Dairy Sci. 73: 381-390.

- Wolf E., Kollonitsch V., Kline C.H. (1963): A survey of selenium treatment in livestock production. J. Agr. Food Chem. 11: 355-360.

- Wolffram S. (1991): Absorption und Bioverfügbarkeit des Spurenelements Selen. Habilitationsschrift Zürich.

- Wolffram S. (1992): Selenmangel bei Mensch und Tier - eine kurze Übersicht. Schweiz. Arch. Tierheilk. 134: 5-11.

- Wolffram S., Scharrer E. (1988): Bioverfügbarkeit und intestinale Absorption des Spurenelements Selen. Übers. Tierernährg. 16: 247-264.

Magnesiummangel

Eine Hypomagnesämie tritt vor allem bei zwei bis vier Monate alten Kälbern auf, die ausschliesslich oder hauptsächlich mit Vollmilch ernährt werden (STÖBER, 1970; HOFMANN, 1979; RADOSTITS ET AL., 1994). Der Magnesiumgehalt der Kuhmilch beträgt 3.3-7.4 mmol/l (STÖBER, 1970; HOFMANN, 1979), während der Magnesiumbedarf des wachsenden Kalbes mit 6.6-7.4 mmol/l Milch angegeben wird (SIMESEN, 1980). Bei reiner Vollmilchernährung ist der Magnesiumbedarf eines Kalbes nur bis zu einem Körpergewicht von etwa 50 Kilogramm gedeckt (SANSOM, 1981). Dennoch können Kälber ein bis zwei Monate lang den Blutmagnesiumspiegel annähernd konstant halten (LARVOR, 1990). Dies lässt sich mit der hohen Verdaulichkeit des Milchmagnesiums beim sehr jungen Kalb erklären. Mit zunehmendem Alter nimmt die Verdaulichkeit des Milchmagnesiums jedoch stark ab, da Magnesium nicht mehr aus dem Darm, sondern aus den Vormägen absorbiert wird (SMITH, 1957; STÖBER, 1970; ROSOL UND CAPEN, 1997). Ein unterversorgter Organismus kann Magnesium auch aus den Knochen mobilisieren (STÖBER, 1970; RADOSTITS ET AL., 1994; ROSOL UND CAPEN, 1997).

Als Referenzwerte für den Magnesiumgehalt im Serum bei Kälbern werden 0.90-1.11 mmol/l (SMITH, 1957) und 0.74-1.12 mmol/l (SICHER ET AL., IN BEARBEITUNG) angegeben. Klinische Erscheinungen treten in der Regel erst nach einem Absinken des Serummagnesiumgehalts unter 0.3 mmol/l (ROSOL UND CAPEN, 1997) oder 0.33 mmol/l (RADOSTITS ET AL., 1994) auf. Ausser einer Mangelversorgung haben folgende Faktoren einen tetaniefördernden Einfluss: Übermässige körperliche Bewegung, Kälte, Indigestionen, Enteritiden, Kauen oder Fressen von Sägespänen, Torfstreu und ähnlichem, faserhaltigen Material (STÖBER, 1970). An Durchfall erkrankte Kälber können schon im Alter von zwei bis drei Wochen an Tetanie erkranken (STÖBER, 1970). Erste Symptome sind ein andauerndes Bewegen der meist hängend gehaltenen Ohren, Unruhe, Hyperästhesie, starrer Blick, Schmatzen, Leerkauen, Muskelzuckungen und Opisthotonus. Später treten die Tiere nach dem Leib, stossen gegen Hindernisse, brüllen mitunter auf und stürzen zu Boden. In Seitenlage zeigen die Tiere Konvulsionen und rudernde Bewegungen mit gestreckten Gliedmassen. Die Herzfrequenz ist hoch und die Augen treten zeitweilig stark hervor und sinken wieder zurück. Die Kontrolle über den Harn- und Kotabsatz geht verloren. (STÖBER, 1970; HOFMANN, 1979; ROY, 1990; RADOSTITS ET AL., 1994). Ältere Kälber können innert 20-30 Minuten nach Beginn der Konvulsionen sterben, während die Prognose bei jüngeren Tieren günstiger ist (STÖBER, 1970; RADOSTITS ET AL., 1994).

Die Diagnose kann nicht immer eindeutig gestellt werden, da es durch die heftigen Muskelkontraktionen oft zeitweilig zu einem Wiederanstieg des Magnesiumgehalts im Blut kommen kann (STÖBER, 1970; LARVOR, 1990; ROSOL UND CAPEN, 1997). Es wird daher empfohlen, nach Konvulsionen 24 Stunden mit einer Blutentnahme zuzuwarten (LARVOR, 1990). Erschwerend für die Diagnostik ist auch die Feststellung, dass bei Milchkälbern der Serummagnesiumspiegel auf 0.12 mmol/l absinken kann, ohne dass Konvulsionen auftreten (STÖBER, 1970). Daher muss in der Praxis eine Verdachtsdiagnose aufgrund der Anamnese und nach Ausschluss der Differentialdiagnosen wie Tetanus, Meningitis/Meningo-enzephalitis, Zerebrokortikalnekrose, Vitamin-A-Mangel, Bleivergiftung und Clostridienenterotoxämie gestellt werden (STÖBER, 1970; RADOSTITS ET AL., 1994). Für die postmortem Diagnose wird eine Knochenanalyse empfohlen. Bei einem Kalzium : Magnesium Quotienten von über 90 : 1 in der Knochenasche gilt die Diagnose der hypomagnesämischen Tetanie als gesichert (STÖBER, 1970; RADOSTITS ET AL., 1994).

Literatur

- Hofmann W. (1979): Erkrankungen des Zentralnervensystems beim Rind. 1. Die wichtigsten Erkrankungen der Kälber. Tierärztl. Prax. 7: 13-24.

- Larvor P. (1990): Stoffwechsel- und Ernährungsstörungen. In: Das Kalb. Hrsg. Mornet P. und Espinasse J., Schober Verlags-GmbH, Hengersberg, pp. 320-326.

- Radostits O.M., Blood D.C., Gay C.C. (1994): Metabolic diseases. In: Veterinary Medicine. A Textbook of the Diseases of Cattle, Sheep, Pigs, Goats and Horses. Eds. Radostits O.M., Blood D.C., Gay C.C., 8th ed., Baillière Tindall, London, Philadelphia, pp. 1310-1367.

- Rosol T.J., Capen C.C. (1997): Calcium-regulating hormones and diseases of abnormal mineral (calcium, phosphorus, magnesium) metabolism. In: Clinical Biochemistry of Domestic Animals. Eds. Kaneko J.J., Harvey J.W. and Bruss M.L., 5th ed., Academic Press, San Diego, London, pp. 619-702.

- Roy J.H.B. (1990): The calf. Vol 1 Management of Health. 5th ed., Butterworths, London, Boston, p. 194

- Sansom B.F. (1981): Hypomagnesaemia in calves: treatment and control. Vet. Ann. 21: 74-79.

- Sicher D., Stocker H., Lutz H., Rüsch P.: Referenzwerte verschiedener Parameter im Blut und Harn bei gesunden Kälbern (in Bearbeitung).

- Simesen M.G. (1980): Calcium, phosphorus, and magnesium metabolism. In: Clinical Biochemistry of Domestic Animals. Ed. Kaneko J.J., 3rd ed., Academic Press, New York, pp. 576-648.

- Smith R.H. (1957): Calcium and magnesium metabolism in calves. Plasma levels and retention in milk-fed calves. Biochem. J. 67: 472-481.

- Stöber M. (1970): Stoffwechsel- und Mangelkrankheiten. In: Krankheiten des Rindes. Hrsg. Rosenberger G., Verlag Paul Parey, Berlin und Hamburg, pp. 983-1119.

Polioenzephalomalazie [Zerebrokortikalnekrose (CCN)]

Die Polioenzephalomalazie ist eine sporadisch auftretende Erkrankung des Zentralnervensystems verschiedener Wiederkäuerspezies, vor allem des Rindes und des Schafes, aber auch der Fleischfresser (JENSEN ET AL., 1956; RADOSTITS ET AL., 1994; SUMMERS ET AL., 1995). Das Leiden befällt sowohl Milchmastkälber als auch Rinder mit voll entwickelter Vormagenverdauung (STÖBER, 1970; HOFMANN, 1979; BERCHTOLD ET AL., 1990). Am häufigsten betroffen sind intensiv mit einem hohen Anteil an Konzentratfutter und wenig Rohfaser gemästete Rinder im Alter von 6-18 Monaten (STÖBER, 1970; RADOSTITS ET AL., 1994). Die Polioenzephalomalazie wurde erstmals im Jahr 1956 beschrieben (Jensen et al., 1956). Nachdem während Jahrzehnten ein Thiaminmangel als alleinige Ursache für diese Krankheit betrachtet wurde, hat sich in den letzten Jahren gezeigt, dass die Ätiologie nicht einheitlich ist (BESTETTI UND FANKHAUSER, 1979; JEFFREY ET AL., 1994; RADOSTITS ET AL., 1994; SUMMERS ET AL., 1995). Heute werden zwei Hauptursachen für eine

Polioenzephalomalazie unterschieden: erstens ein Mangel an Thiamin und zweitens eine zu hohe Bildung von Sulfid (H_2S) im Vormageninhalt (JEFFREY ET AL., 1994; RADOSTITS ET AL., 1994; KOLB, 1995). Ein Thiaminmangel ist hauptsächlich die Folge der Zerstörung von Thiamin durch thiaminasebildende Bakterien im Pansen und Darm (LOEW, 1975; EDWIN UND JACKMAN, 1982; BRENT UND BARTLEY, 1984). Thiamin (Vitamin B_1) ist eine wichtige Komponente verschiedener Enzyme des Intermediärstoffwechsels (RADOSTITS ET AL., 1994; KOLB, 1995; RUCKER UND MORRIS, 1997). Im Hirn führt Thiaminmangel zu einem intrazellulären Ödem und zu Zellnekrose in der Hirnrinde bzw. in der grauen Substanz, was zu den Bezeichnungen Hirnrindennekrose und Polioenzephalomalazie geführt hat (ASKAA UND MOLLER, 1978; BESTETTI UND FANKHAUSER, 1979; SUMMERS ET AL., 1995). Sulfid ist ein starkes Zellgift, auf das besonders Nervenzellen empfindlich sind. Etwa 60% der beim Ruktus abgegebenen Pansengase werden eingeatmet, so dass es auf diese Weise zu einer zusätzlichen Aufnahme von H_2S kommt (KOLB, 1995). Bei der histopathologischen Untersuchung von an H_2S-Intoxikation erkrankten Tieren wurden neben Veränderungen in der Hirnrinde Thrombenbildung und Nekrosen in den Gefässen des Mittelhirns und des Thalamus festgestellt (HAMLEN ET AL., 1993).

Vom Krankheitsverlauf her wird zwischen einer schwereren, akuten Form und einer leichteren, weniger rasch verlaufenden Form unterschieden. Bei der schwereren Form setzen die Symptome meist plötzlich ein und äussern sich in Blindheit, Muskelzittern, gesteigerter Erregbarkeit, Leerkauen, Speicheln und Konvulsionen. Später zeigen die Tiere Kreisbewegungen, Vorwärtsdrängen und Anrennen gegen Hindernisse, bis hin zu tobsuchtartiger Aggressivität. Der Gang ist ataktisch, stolpernd und schliesslich kommt es zum Festliegen mit Opisthotonus, Nystagmus, dorsalem Strabismus und tonisch-klonischen Konvulsionen. Die Körpertemperatur liegt meist im Normalbereich. Der Drohreflex ist immer abwesend, die Palpebral- und die Pupillarreflexe hingegen sind meist vorhanden. Ohne Behandlung tritt nach 2-6 Tagen der Tod ein (STÖBER, 1970; HOFMANN, 1979; RADOSTITS ET AL., 1994). Bei der leichteren Form sind die Symptome weniger stark ausgeprägt. Es kommt nicht immer zum Festliegen und mitunter wird von Spontanheilungen berichtet (HOFMANN, 1979). Überlebende Tiere können auch blind bleiben (STÖBER, 1970; HOFMANN, 1979; RADOSTITS ET AL., 1994).

Ausser den Symptomen können ein erhöhter Liquordruck sowie ein erhöhter Proteingehalt und eine Pleozytose mit vornehmlich Monozyten und Phagozyten im Liquor einen Hinweis auf die Krankheit geben (RADOSTITS ET AL., 1994). Aufgrund experimenteller Untersuchungen sind Veränderungen verschiedener biochemischer Parameter bei Polioenzephalomalazie bekannt (EDWIN UND JACKMAN, 1981; EDWIN ET AL., 1982; SAGER ET AL., 1990; RADOSTITS ET AL., 1994; TANWAR ET AL., 1994). Diese Tests sind aber nicht praxistauglich, so dass in der Regel lediglich eine Verdachtsdiagnose nach Ausschluss der Differentialdiagnosen wie Vitamin-A-Mangel, Bleivergiftung und Meningoenzephalitis gestellt werden kann (RADOSTITS ET AL., 1994) oder die Diagnose wird *ex juvantibus* gestellt.

Literatur

- Askaa J., Moller T. (1978): Ultrastructural study of experimental cerebrocortical necrosis in calves. Nord. Vet.- Med. 30: 126-131.

- Berchtold M., Zaremba W., Grunert E. (1990): Kälberkrankheiten. In: Neugeborenen- und Säuglingskunde der Tiere. Hrsg. Walser K. und Bostedt H., Ferdinand Enke Verlag, Stuttgart, pp. 260-335.

- Bestetti G., Fankhauser R. (1979): Vergleichende licht- und elektronenmikroskopische Untersuchungen zur Hirnrindennekrose der Wiederkäuer. Schweiz. Arch. Tierheilk. 121: 467-477.

- Brent B.E., Bartley E.E. (1984): Thiamin and niacin in the rumen. J. Anim. Sci. 59: 813-822.

- Edwin E.E., Jackman R. (1981): Elevation of blood keto acids in cerebrocortical necrosis. Vet. Rec. 109: 75-76.

- Edwin E.E., Markson L.M., Jackman R. (1982): The aetiology of cerebrocortical necrosis: The role of thiamine deficiency and of deltapyrrolinium. Br. vet. J. 138: 337-349.

- Edwin E.E., Jackman R. (1982): Ruminant thiamine requirement in perspective. Vet. Res. Commun. 5: 237-250.

- Hamlen H., Clark E., Janzen E. (1993): Polioencephalomalacia in cattle consuming water with elevated sodium sulfate levels: A herd investigation. Can. Vet. J. 34: 153-158.

- Hofmann W. (1979): Erkrankungen des Zentralnervensystems beim Rind. 1. Die wichtigsten Erkrankungen der Kälber. Tierärztl. Prax. 7: 13-24.

- Jeffrey M., Duff J.P., Higgins R.J., Simpson V.R., Jackman R., Jones T.O., Mechie S.C., Livesey C.T. (1994): Polioencephalomalacia associated with the ingestion of ammonium sulphate by sheep and cattle. Vet. Rec. 134: 343-348.

- Jensen R., Griner L.A., Adams O.R. (1956): Polioencephalomalacia of cattle and sheep. J. Am. Vet. Med. Assoc. 129: 311-321.

- Kolb E. (1995): Neuere Erkenntnisse zur Entstehung, Behandlung und Verhütung der Zerebrokortikalnekrose (Polioenzephalomalazie). Prakt. Tierarzt 76: 229-237.

- Loew F.M. (1975): A thiamin-responsive polioencephalomalacia in tropical and nontropical livestock production systems. Wld Rev. Nutr. Diet. 20: 168-183.

- Radostits O.M., Blood D.C., Gay C.C. (1994): Specific diseases of uncertain etiology. In: Veterinary Medicine. A Textbook of the Diseases of Cattle, Sheep, Pigs, Goats and Horses. Eds. Radostits O.M., Blood D.C., Gay C.C., 8th ed., Baillière Tindall, London, Philadelphia, pp. 1665-1723.

- Rucker R.B., Morris J.G. (1997): The vitamins. In: Clinical Biochemistry of Domestic Animals. Eds. Kaneko J.J., Harvey J.W. and Bruss M.L., 5th ed., Academic Press, San Diego, London, pp. 703-739.

- Sager R.L., Hamar D.W., Gould D.H. (1990): Clinical and biochemical alterations in calves with nutritionally induced polioencephalomalacia. Am. J. Vet. Res. 51: 1969-1974.
- Stöber M. (1970): Krankheiten des Nervensystems. In: Krankheiten des Rindes. Hrsg. Rosenberger G., Verlag Paul Parey, Berlin und Hamburg, pp. 628-656.
- Summers B.A., Cummings J.F., de Lahunta A. (1995): Veterinary Neuropathology. Mosby, St. Louis, pp. 208-350.
- Tanwar R.K., Malik K.S., Gahlot A.K. (1994): Polioencephalomalacia induced with amprolium in Buffalo calves - clinicopathologic findings. J. Vet. Med. A. 41: 396-404.

V. Andere Krankheiten

Azidose

Störungen des Säuren-Basenhaushalts sind ein häufiger Befund bei kranken Kälbern (BERCHTOLD ET AL., 1982; BERCHTOLD ET AL., 1990; GROVE-WHITE UND WHITE, 1993). Insbesondere Durchfall geht bei Kälbern sehr oft mit einer metabolischen Azidose einher (BERCHTOLD ET AL., 1982; ARGENZIO, 1984; KASARI UND NAYLOR, 1985; SCHARRER, 1986; BOOTH UND NAYLOR, 1987; POSPISCHIL, 1989; GLAWISCHNIG ET AL., 1990; KASARI, 1990; KASKE, 1994; BROOKS ET AL., 1996; SADIEK UND SCHLERKA, 1996; GEISHAUSER UND THÜNKER, 1997; HARTMANN ET AL., 1997; HARTMANN UND BERCHTOLD, 1997; NAPPERT ET AL., 1997; GROVE-WHITE, 1998). Eine metabolische Azidose ist charakterisiert durch eine Abnahme der HCO_3^- - Konzentration im Plasma, eine Zunahme der H^+ - Konzentration, einen Abfall des pH-Wertes und einen a-daptiven Abfall des CO_2 – Partialdruckes (DIBARTOLA, 1992). Schwere Diarrhoen führen zu einer gesteigerten Sekretion und zu einer gestörten Rückresorption von Elektrolyten und Wasser im Darm, was eine Abnahme des extrazellulären Flüssigkeitsvolumens und des Plasmavolumens zur Folge hat. Der Blutdruck sinkt ab, und die Gewebsdurchblutung und die Sauerstoffversorgung der Gewebe gehen zurück. Dies führt zu einer erhöhten anaeroben Glykolyse mit einem vermehrten Anfall von Milchsäure. Als Folge der verminderten Nierendurchblutung ist gleichzeitig die renale Elimination der H^+-Ionen herabgesetzt. Im Darm kommt es zu einer gesteigerten Sekretion und zu einem Verlust von HCO_3^-. Das Resultat ist eine metabolische Azidose (ARGENZIO, 1984; SCHARRER, 1986; POSPISCHIL, 1989; KASARI, 1990; KASKE, 1994; HARTMANN ET AL., 1997; HARTMANN UND BERCHTOLD, 1997).

Der hauptsächliche klinische Effekt einer Azidose besteht in einer Depression des zentralen Nervensystems, die bis zum Koma führen kann

(Guyton, 1991). Es konnte mehrfach gezeigt werden, dass die Störung des Allgemeinbefindens umso grösser ist, je tiefer der pH-Wert des Blutes und je grösser das Basendefizit ist [Basendefizit oder Basenüberschuss (Basenexzess) = Abweichung der Pufferbasen vom Referenzwert (CARLSON, 1997)] und dass eine schwere Azidose zum Festliegen der Kälber führt (BERCHTOLD ET AL., 1982; NAYLOR, 1989; GROVE-WHITE UND WHITE, 1993; GEISHAUSER UND THÜNKER, 1997). In einer Arbeit von GEISHAUSER UND THÜNKER (1997) war Festliegen bei einem Basendefizit von mehr als 10 mmol/l achtmal wahrscheinlicher als bei einem Basendefizit von weniger als 10 mmol/l.

Eine metabolische Azidose wird auch regelmässig bei Kälbern mit chronischer Indigestion festgestellt. Dieses Syndrom wird in einem separaten Kapitel abgehandelt.

Die bevorzugte diagnostische Methode zur Abklärung von Säuren-Basen-Störungen stellt die Blutgasanalyse dar (KASARI, 1990). Für praktizierende Tierärzte stehen kostengünstige portable Geräte zur Ermittlung des pH-Wertes im Blut oder des totalen CO_2-Gehaltes zur Verfügung (GROVE-WHITE UND WHITE, 1993; NAPPERT ET AL., 1998). Ob der Schweregrad einer metabolischen Azidose bei Kälbern aufgrund des Exsikkosegrades abgeschätzt werden kann, ist umstritten. Während dies von ROUSSEL (1983) bejaht wird, besteht nach NAYLOR (1987) zwischen dem Schweregrad der Dehydratation und der Azidose nicht immer eine deutliche Korrelation.

Literatur

- Argenzio R.A. (1984): Pathophysiology of neonatal diarrhea. Agri Pract. 5: 25-32.

- Berchtold M., Rüsch P., Burkhardt H. (1982): Azidose: Ein Hauptproblem bei kranken Kälbern. Tierärztl. Umschau 37: 490-492.

- Berchtold M., Zaremba W., Grunert E. (1990): Kälberkrankheiten. In: Neugeborenen- und Säuglingskunde der Tiere. Hrsg. Walser K. und Bostedt H., Ferdinand Enke Verlag, Stuttgart, pp. 260-335.

- Booth A., Naylor J.M. (1987): Correction of metabolic acidosis in diarrheal calves by oral administration of electrolyte solutions with or without bicarbonate. J. Am. Vet. Med. Assoc. 191: 62-68.

- Brooks H.W., White D.G., Wagstaff A.J., Michell A.R. (1996): Evaluation of a nutritive oral rehydration solution for the treatment of calf diarrhoea. Br. vet. J. 152: 699-708.

- Carlson G.P. (1997): Fluid, electrolyte, and acid-base balance. In: Clinical Biochemistry of Domestic Animals. Eds. Kaneko J.J., Harvey J.W. and Bruss M.L., 5th ed., Academic Press, San Diego, London, pp. 485-516.

- Di Bartola S.P. (1992): Metabolic acidosis. In: Fluid Therapy in Small Animal Practice. Ed. Di Bartola S.P., W.B. Saunders, Philadelphia, pp. 216-243.

- Geishauser Th., Thünker B. (1997): Metabolische Azidose bei neugeborenen Kälbern mit Durchfall - Abschätzung an Saugreflex oder Stehvermögen. Prakt. Tierarzt 78: 600-605.

- Glawischnig E., Greber N., Schlerka G. (1990): Die Dauertropfinfusion bei Kälbern mit hochgradiger Azidose. Tierärztl. Umschau 45: 562-569.

- Grove-White D.H., White D.G. (1993): Diagnosis and treatment of metabolic acidosis in calves: a field study. Vet. Rec. 133: 499-501.

- Grove-White D.H. (1998): Monitoring and management of acidosis in calf diarrhoea. J. R.. Soc. Med. 91: 195-198.

- Guyton A.C. (1991): Textbook of Medical Physiology. 8th ed., W.B. Saunders., Philadelphia, pp. 330-343.

- Hartmann H., Berchtold J., Hofmann W. (1997): Pathophysiologische Aspekte der Azidose bei durchfallkranken Kälbern. Tierärztl. Umschau 52: 568-574.

- Hartmann H., Berchtold J. (1997): Pathogenese und Diagnostik von systemischen Azidosen bei Tieren mit Schlussfolgerungen für wirksame Therapieverfahren. Tierärztl. Prax. 25: 611-624.

- Kasari T.R., Naylor J.M. (1985): Clinical evaluation of sodium bicarbonate, sodium L-lactate and sodium acetate for the treatment of acidosis in diarrheic calves. J. Am. Vet. Med. Assoc. 187: 392-397.

- Kasari T.R. (1990): Metabolic acidosis in diarrheic calves: The importance of alkalinizing agents in therapy. Vet. Clin. North Am. [Food Anim. Pract.] 6: 29-43.

- Kaske M. (1994): Pathophysiologische Aspekte der neonatalen Kälberdiarrhoe. Tierärztl. Umschau 49: 336-348.

- Nappert G., Zello G.A., Naylor J.M. (1997): Oral rehydration therapy for diarrheic calves. Comp. Cont. Educ. Pract. Vet. 19: S181-S189.

- Nappert G., Clark C.R., Baptiste K.E., Munting J., Naylor J.M. (1998): Rapid determination of acid-base status in diarrheic and healthy calves with a portable blood pH meter. 20. Weltbuiatrikkongress, Sydney, Australien. pp. 333-336.

- Naylor J.M. (1987): Severity and nature of acidosis in diarrheic calves over and under one week of age. Can. Vet. J. 28: 168-173.

- Naylor J.M. (1989): A retrospective study of the relationship between clinical signs and severity of acidosis in diarrheic calves. Can. Vet. J. 30: 577-580.

- Pospischil A. (1989): Pathologie und Pathogenese infektiöser Durchfallerkrankungen beim Kalb. Vet 5: 27-32.

- Roussel A.J. (1983): Principles and mechanics of fluid therapy in calves. Comp. Cont. Educ. Pract. Vet. 5: S332-S339.

- Sadiek A., Schlerka G. (1996): Untersuchungen über die Rehydration bei an Durchfall erkrankten Milchkälbern. Tierärztl. Umschau 51: 544-552.

- Scharrer E. (1986): Pathophysiologie der Diarrhoe. Prakt. Tierarzt 67: 373-379.

Chronische Indigestion

Verschiedene Autoren weisen darauf hin, dass beim neugeborenen Kalb, obwohl es funktionell noch nicht als Wiederkäuer angesehen werden kann, Pansen und Haube zusammen mit der Schlundrinne an physiologischen, digestiven Abläufen teilnehmen (GIESECKE, 1967; DIRKSEN UND GARRY, 1987; BÄTTIG ET AL., 1992). Somit können Störungen im Vormagensystem des Kalbes zu Erkrankungen führen oder an solchen beteiligt sein.

Entwicklung der Vormägen

Die Ausbildung der Vormägen wird, sowohl hinsichtlich ihrer Grösse als auch der Beschaffenheit der Schleimhaut, wesentlich durch die aufgenommene Nahrung mitbestimmt. Bei reiner Milchernährung ist die Entwicklung der Vormägen gehemmt und stabile Pansenkontraktionen treten nicht auf (RUCKEBUSCH, 1988).

Panseninhalt beim gesunden Milchkalb

Die mikrobielle Besiedlung des Magen-Darm-Traktes des Kalbes beginnt in den ersten Lebensstunden (GIESECKE, 1967; LYFORD UND HUBER, 1988). Saugkälber besitzen eine vorwiegend gramnegative Pansenflora bestehend aus nicht-sporenbildenden Anaerobiern (BRYANT ET AL., 1958). Über die Beschaffenheit des Panseninhaltes beim Milchkalb findet sich bei DIRR (1988) eine Zusammenstellung der Resultate verschiedener Untersuchungen. Bereits in den ersten Lebenswochen laufen bei gesunden, mit Milch ernährten Kälbern im Hauben-Pansenraum Fermentations- bzw. Spaltungsprozesse ab. Die fermentierten Substrate entstammen offensichtlich der aus der Schlundrinne ausgeflossenen und/oder aus dem Labmagen zurückgeflossenen Milch (DIRR UND DIRKSEN, 1989).

Schlundrinnenreflex

Die vom Kalb getrunkene Milch gelangt unter physiologischen Bedingungen zum grössten Teil durch die Schlundrinne direkt in den Labmagen. Voraussetzung dazu ist die Auslösung des Schlundrinnenreflexes. Eine ausführliche Literaturbesprechung zu diesem Thema findet sich bei DIRR (1988). Als Einflussfaktoren für die spontane Auslösung des Schlundrinnenreflexes werden diskutiert: Das Alter des Tieres, die Art der aufgenommenen Flüssigkeit, die Tränkemethode, die Schluckgrösse, die Geschwindigkeit der Aufnahme, das Verhalten des Tieres, die Kopfhaltung beim Saugen, der Durst und die Temperatur der Tränke. POUNDEN ET AL. (1955) konnten bei 60% ihrer Versuchskälber am ersten Lebenstag geringe Mengen Milch im Pansen nachweisen. Bei zwei bis neun Tage alten Kälbern war dies nur bei 25% und bei älteren Kälbern noch seltener der Fall. Die Anwesenheit von Milch im Pansen schien in der ersten Lebenswoche keine nennenswerten Gesundheitsstörungen zu verursachen, später hingegen wohl. Andere Autoren geben an, dass auch beim gesunden Kalb immer bis zu 10% der aufgenommenen Milchmenge in den Pansen fliessen (GUILHERMET ET AL., 1975; WISE ET AL., 1984). Über eine Schlundsonde verabreichte Milch gelangt immer in den Pansen, der grösste Anteil fliesst aber beim gesunden Kalb innerhalb von drei Stunden in den Labmagen weiter (LATEUR-ROWET UND BREUKINK, 1983; CHAPMAN ET AL., 1986). Die Aufnahme grosser Milchmengen in kurzer Zeit führt zu einer Insuffizienz der Schlundrinne (TRAUTMANN UND SCHMITT, 1933; WISE ET AL., 1984). Hingegen soll die Kopfhaltung beim Saugen ohne Einfluss auf den SRR sein (WISE ET AL., 1942; RUCKEBUSCH, 1988). Über den Einfluss der Tränketemperatur bestehen unterschiedliche Angaben. In Untersuchungen von TRAUTMANN UND SCHMITT (1933) wurde der Schlundrinnenreflex durch kalte Tränke nicht ausgelöst. Andere Autoren fanden hingegen weder beim Schaf (WATSON, 1941) noch beim Kalb (ZAREMBA UND GRUNERT, 1981) einen Einfluss der Tränketemperatur. Es wurde mehrfach betont, dass sich die Schlundrinne beim Saugen an einem Gummisauger besser schliesst als bei einer Tränkeaufnahme aus dem Eimer ohne Sauger (WISE UND ANDERSON, 1939; WISE ET AL., 1984; LYFORD UND HUBER, 1988; RUCKEBUSCH, 1988). Beim Mutterkuhkalb dauert eine Saugperiode im Durchschnitt zehn Minuten mit etwa 1000 Saugakten. Bei Eimertränke hingegen wird die Milch in fünf Minuten mit 150 Saugakten getrunken (WANNER, 1998). DIRR (1988) kommt aufgrund seines Literaturstudiums zum Schluss, dass "als allgemein optimale Zustände zur einigermassen sicheren Funktion des ruminalen Bypasses" folgende Bedingungen gelten: Tränke über einen Gummisauger, Milch oder hochwertige Milchaustauscher als Tränke, Tränkeritual zur Auslösung des Saugverhaltens sowie ungestörte Tränkeatmosphäre ohne jegliche unnötige Aufregung.

Abomaso-ruminaler Reflux

Milch oder deren Zersetzungsprodukte können auch durch einen Rückfluss aus dem Labmagen in den Pansen gelangen. Es wird zwischen einem physiologischen und einem pathologischen Reflux unterschieden. Wenn einem Saugkalb zu grosse Tränkemengen, d.h. mehr als 1.5-2 Liter pro Mahlzeit in den ersten zwei Lebenswochen verabreicht werden, kommt es zu einem Zurückfliessen der Milch in den Hauben-Pansen-Raum, da der Labmagen dieses Flüssigkeitsvolumen nicht aufnehmen kann. Aber auch bei angemessener Tränkemenge wurde bei Kälbern und jungen Ziegen während längerer Zeit nach der Tränkeaufnahme ein regelmässiger Rückfluss von Milchbestandteilen aus dem Labmagen in die Vormägen beobachtet (TRAUTMANN UND SCHMITT, 1933). Beide Vorgänge gelten als physiologisch (TRAUTMANN UND SCHMITT, 1933; GIESECKE, 1967; DIRKSEN UND GARRY, 1987).

Krankhafte Zustände, insbesondere Labmagenentzündungen, können ebenfalls zu einem Reflux führen. Labmageninhalt wird gewissermassen in den Pansen erbrochen (Dirksen, 1970; Dirksen, 1976).

Folgen der Schlundrinnendysfunktion

Störungen des Schlundrinnenreflexes können bei Saugkälbern zu erheblichen gesundheitlichen Problemen führen. Eine häufig beobachtete Störung ist das Pansentrinkersyndrom. Dabei handelt es sich um eine chronische Indigestion, die vorwiegend Mastkälber befällt und durch folgende Symptome charakterisiert wird: Inappetenz, Wachstumsrückstand, ausgebauchtes Abdomen, mattes Haarkleid, Lehmkot und fallweise rezidivierende Tympanie (VAN BRUINESSEN-KAPSENBERG ET AL., 1982; BREUKINK ET AL., 1988; VAN WEEREN-KEVERLING BUISMAN ET AL., 1988; VAN WEEREN-KEVERLING BUISMAN, 1989). Die Milch gelangt beim Trinken in den Hauben-Pansen-Raum und wird dort mikrobiell abgebaut (VAN WEEREN-KEVERLING BUISMAN, 1989). Die meisten der betroffenen Kälber zeigen zwei bis drei Wochen nach Beginn der Mastperiode erste Symptome wie gelegentliche Verweigerung der Tränke oder Tympanie. Im Verlauf von drei bis vier Wochen entwickelt sich das beschriebene Syndrom. Die Schwingauskultation der linken Bauchseite ergibt bei vielen Patienten Plätschergeräusche. Die Auskultation während der Tränkeaufnahme ergibt ebenfalls plätschernde Geräusche durch das Einfliessen der Milch in die Pansenflüssigkeit. Im Gegensatz dazu können bei gesunden Kälbern gurgelnde Geräusche wahrgenommen werden, die durch die Passage von Milch durch die geschlossene Schlundrinne ausgelöst werden. Bei den meisten Pansentrinkern kann über eine Schlundsonde eine grössere Menge einer faulig bis säuerlich riechenden grau-weissen Flüssigkeit abgehebert werden, die neben Kaseinklümpchen auch Haare und Stroh enthalten kann.

Verschiedene Autoren unterscheiden eine akute Form von einer subakut bis chronischen Form des Pansentrinkersyndroms (DIRR, 1988; DIRR UND DIRKSEN, 1989; DOLL, 1990; BETTINELLI, 1991; DIRKSEN UND BAUR, 1991; HÄNICHEN ET AL., 1992; BREITNER ET AL., 1998). Die akute Form tritt als Komplikation verschiedener Primärleiden oder als Folge von Zwangstränkung auf. In einer Studie an 249 Kälbern mit *Enteritis catarrhalis acuta* im Alter von weniger als 14 Tagen konnte bei 11.2% mit Sicherheit und bei weiteren 11.8% mit

Wahrscheinlichkeit eine Dysfunktion des Schlundrinnenreflexes nachgewiesen werden (DIRR UND DIRKSEN, 1989). Auch bei Kälbern, die von Geburt an nicht spontan tranken oder als Folge einer Krankheit eine Trinkschwäche aufwiesen, konnte gezeigt werden, dass die Milch in den Pansen gelangte (DIRKSEN UND BAUR, 1991; DOLL, 1990). Bei zwangsgefütterten Kälbern gelangt die Milch immer in den Pansen (LATEUR-ROWET UND BREUKINK, 1983; CHAPMAN ET AL., 1986). Die Abbauprodukte der zersetzten Milch verursachen eine Entzündung der Vormägen und/oder Verhornungsstörungen der Schleimhaut. Untersuchungen an Kälbern mit gestörter Sauglust ergaben eine mehrheitlich grampositive Flora im Pansensaft, eine Pansenazidose und eine metabolische Azidose im Blut (BÄTTIG ET AL., 1992).

Das Syndrom wurde auch unter der Bezeichnung "chronische Indigestion" beschrieben (BERCHTOLD ET AL., 1990). Darunter wird, unabhängig von der Ursache der Störung, ein Krankheitsbild verstanden, das mehrere der folgenden Symptome umfasst: gestörtes Allgemeinbefinden, reduzierte Sauglust, Exsikkose, mattes und struppiges Haarkleid, Alopezie, Abmagerung, lehmartiger Kot, Pansenazidose, metabolische Azidose und Festliegen.

Pathogenese der Krankheiten nach Schlundrinnendysfunktion

Als Ursachen für eine Dysfunktion des Schlundrinnenreflexes werden Zwangstränkung, Trinkschwäche, Neugeborenendiarrhoe, Transporte über grössere Strecken, eine rasche Aufnahme grosser Milchmengen aus dem Eimer ohne Sauger und eine eher beissende als saugende Art der Milchaufnahme genannt (BREUKINK ET AL., 1988; DIRR, 1988; DOLL, 1990; DIRKSEN UND BAUR, 1991). Radiologische Studien an Pansentrinkern ergaben, dass die Milch länger als 48 Stunden im Pansen liegen blieb (BREUKINK ET AL., 1988). Dies deutet auf eine Motilitätsstörung des Pansens hin (BÄTTIG ET AL., 1992). Bei gesunden Kälbern wird in den Pansen geflossene Milch innerhalb von drei Stunden in den Labmagen weitertransportiert (LATEUR-ROWET UND BREUKINK, 1983). Bleibt die Milch aber im Pansen liegen, so wird sie zersetzt und es entstehen flüchtige Fettsäuren und Milchsäure (DIRR, 1988; DIRR UND DIRKSEN, 1989; VAN WEEREN-KEVERLING BUISMAN, 1989). Es lassen sich drei Gärungstypen unterscheiden: Überwiegende Buttersäuregärung, überwiegende Milchsäuregärung und ein "Zweiphasentyp", bei dem die beiden Gärungstypen in unterschiedlicher Reihenfolge nacheinander auftreten (DIRR, 1988; DIRR UND DIRKSEN, 1989). Der pH-Wert im Pansensaft sinkt ab und eine Pansenazidose ist die Folge. Bei manchen Kälbern wurde auch eine metabolische Azidose diagnostiziert (DOLL, 1990; DIRKSEN UND BAUR, 1991; HÄNICHEN ET AL., 1992;

BREITNER ET AL., 1998; GENTILE ET AL., 1998). Wie aus früheren Arbeiten bekannt ist, führen Butter- und Propionsäure zu einer intensiven Schleimhautproliferation (SANDER ET AL., 1959) oder sogar zu einer Hyper- und Parakeratose (Literaturübersicht bei DIRKSEN ET AL., 1984). Dies sind häufige Befunde in den Vormägen von Kälbern mit einer Schlundrinnendysfunktion, aber auch entzündliche Prozesse in der Schleimhaut, wie Erosionen und Geschwüre sind nicht selten (BETTINELLI, 1991).

Neben einer Hyper- und Parakeratose der Pansenschleimhaut lässt die histologische Untersuchung oft auch eine Villusatrophie der Dünndarmschleimhaut erkennen, welche als Ursache für eine Malabsorption und eine Maldigestion betrachtet wird (VAN WEEREN ET AL., 1988). Die Entstehung des Lehmkots beim Pansentrinker-Syndrom wird mit einer erheblichen Wasserabsorption im Dickdarm erklärt (BREUKINK ET AL., 1988).

Diagnose

Die Diagnostik der Schlundrinnendysfunktion umfasst folgende Punkte: Schwing- und Perkussionsauskultation an der linken Bauchwand, Pansenauskultation während des Trinkens, Pansensaftentnahme und Pansensaftuntersuchung (grobsinnlich, pH-Wert, Gesamtazidität, Chloridgehalt, Methylenblaureduktion, Gehalt an flüchtigen Fettsäuren und Milchsäure) sowie Zentrifugierprobe des Pansensaftes (DIRR, 1988; DIRR UND DIRKSEN, 1989). Zusätzliche diagnostische Informationen liefern die Untersuchung der Pansenflora und die Blutgasanalyse (BÄTTIG ET AL., 1992).

Therapie

Als Therapie werden folgende Massnahmen empfohlen: Mehrmaliges Absaugen der Pansenflüssigkeit mit anschliessender Pansenspülung mit Wasser oder physiologischer Kochsalzlösung, intraruminale Applikation von 1 g Chlortetrazyklin zur Hemmung der Gärungsprozesse, ruhiger Umgang mit dem Tier beim Tränken, Anbieten der täglichen Tränke in drei bis vier Rationen, Nippeltränke, Saugenlassen des Kalbes am Finger des Betreuers vor dem Tränken, Injektion von Botrizolam (Mederantil®, Boehringer, Ingelheim) zur Anregung des Appetits, Vasopressin zur Induktion des Schlundrinnenreflexes unmittelbar vor dem Tränken, bei Bedarf auch parenterale Rehydratations- und Azidosetherapie (DOLL, 1990; DIRKSEN UND BAUR, 1991; RADEMACHER, 1997). Kälber, die aufgrund dieser Behandlung keine Besserung zeigen, werden von der Milch abgesetzt und auf Rauhfutter und Kraftfutter umgestellt. Zur Unterstützung der Pansenflora kann diesen Kälbern Pansensaft einer gesunden Kuh verabreicht werden (BREUKINK ET AL., 1988).

Prognose

In einer Studie von DIRR UND DIRKSEN (1989) war die Verlustrate bei Kälbern mit Schlundrinnendysfunktion als Komplikation der Neugeborenendiarrhoe etwa 40%, mehr als doppelt so hoch im Vergleich zu Kälbern mit ungestörtem Schlundrinnenreflex. In einer Untersuchung von BREUKINK ET AL. (1988) an Masttieren konnten genesene Pansentrinker-Patienten den erlittenen Wachstumsrückstand gegenüber nicht erkrankten Kontrolltieren nicht mehr aufholen. Die Prognose wird daher in Bezug auf die Wirtschaftlichkeit als ungünstig beurteilt, und zwar sowohl hinsichtlich einer Weiterverwendung solcher Kälber für die Kälbermast als auch für die Grossviehmast.

Literatur

- Bättig U., Regi G., Stocker H., Zähner Marlene, Rüsch P. (1992): Pansensaft-Untersuchung bei Kälbern mit gestörter und normaler Sauglust. Tierärztl. Prax. 20: 44-48.

- Berchtold M., Zaremba W., Grunert E. (1990): Kälberkrankheiten. In: Neugeborenen- und Säuglingskunde der Tiere. Hrsg. Walser K. und Bostedt H., Ferdinand Enke Verlag, Stuttgart, pp. 260-335.

- Bettinelli L. (1991): Pathologisch-anatomische Veränderungen an der Vormagenschleimhaut von Kälbern in den ersten vier Lebenswochen. Vet. med. Diss. München.

- Breitner W., Güthle U., Gentile A. (1998): Diagnostik, Therapie und Prognose der Pansenazidose beim Milchkalb: Auswertung von 64 Fällen. Prakt. Tierarzt 79: 323-332.

- Breukink H.J., Wensing Th., van Weeren-Keverling Buisman A., van Bruinessen-Kapsenberg E.G., de Visser N.A.P.C. (1988): Consequences of failure of the reticular groove reflex in veal calves fed milk replacer. Veterinary Quarterly 10: 126-135.

- Bruinessen-Kapsenberg E.G. van, Wensing Th., Breukink H.J. (1982): Indigestionen der Mastkälber infolge fehlenden Schlundrinnenreflexes. Tierärztl. Umschau 37: 515-517.

- Bryant M.P., Small N., Bouma C., Robinson I. (1958): Studies on the composition of the ruminal flora and fauna of young calves. J. Dairy Sci. 41: 1747-1767.

- Chapman H.W., Butler D.G., Newell M. (1986): The route of liquids administered to calves by esophageal feeder. Can. J. Vet. Res. 50: 84-87.

- Dirksen G. (1970): Krankheiten des Verdauungsapparates. In: Krankheiten des Rindes. Hrsg. Rosenberger G., Verlag Paul Parey, Berlin und Hamburg, pp. 173-379.

- Dirksen G. (1976): Nicht infektionsbedingte Magen-Darm-Krankheiten des Kalbes und des Jungrindes. Prakt. Tierarzt 58, Sonderner., Collegium veterinarium: 86-92.

- Dirksen G., Liebich H.G., Brosi G., Hagemeister H., Mayer E. (1984): Morphologie der Pansenschleimhaut und Fettsäureresorption beim Rind - bedeutende Faktoren für Gesundheit und Leistung. Zbl. Vet. Med. A, 31: 414-430.

- Dirksen G., Baur T. (1991): Pansenazidose beim Milchkalb infolge Zwangsfütterung. Tierärztl.

Umschau 46: 257-261.

- Dirksen G., Garry F.B. (1987): Diseases of the forestomachs in calves-Part I. Comp. Cont. Educ. Pract. Vet. 9: F140-F147.

- Dirr L. (1988): Untersuchungen über die Dysfunktion des Schlundrinnenreflexes beim jungen Kalb. Vet. med. Diss. München.

- Dirr L., Dirksen G. (1989): Dysfunktion der Schlundrinne ("Pansentrinken") als Komplikation der Neugeborenendiarrhö beim Kalb. Tierärztl. Prax. 17: 353-358.

- Doll K. (1990): "Trinkschwäche"/ Anorexie beim neugeborenen Kalb: Ursachen, Folgen und Behandlung. Prakt. Tierarzt 72, Collegium veterinarium XXI. 16-19.

- Gentile A., Rademacher G., Seemann G., Klee W. (1998): Systemische Auswirkungen der Pansenazidose im Gefolge von Pansentrinken beim Milchkalb. Tierärztl. Prax. 26 (G): 205-209.

- Giesecke D. (1967): Die funktionelle Vormagenentwicklung des Wiederkäuers. Tierärztl. Umschau 22: 398-403.

- Guilhermet R., Mathieu C.-M., Toullec R. (1975): Transit des aliments liquides au niveau de la gouttière oesophagienne chez le veau préruminant et ruminant. Ann. Zootech. 24: 69-79.

- Hänichen T., Bettinelli L., Dirksen G., Hermanns W. (1992): Hyperkeratose und Entzündung der Vormagenschleimhaut von jungen Milchkälbern nach "Pansentrinken". Tierärztl. Umschau 47: 623-627.

- Lateur-Rowet H.J.M., Breukink H.J. (1983): The failure of the oesophageal groove reflex, when fluids are given with an oesophageal feeder to newborn and young calves. Veterinary Quarterly 5: 68-74.

- Lyford S.J., Huber J.T. (1988): Digestion, metabolism and nutrient needs in preruminants. In: The Ruminant Animal. Digestive Physiology and Nutrition. Ed. Church D.C., Prentice Hall, New Jersey, pp. 401-420.

- Pounden W.D., Hibbs J.W., Conrad H.R. (1955): Rumen content in young calves. Vet. Med. 50: 435-440.

- Rademacher G. (1997): Pansentrinken beim Milchkalb: Ursachen, Diagnose, Therapie und Prognose. Tagungsbericht Schweizerische Tierärztetage, p. 97.

- Ruckebusch Y. (1988): Motility of the gastro-intestinal tract. In: The Ruminant Animal. Digestive Physiology and Nutrition. Ed. Church D.C., Prentice Hall, New Jersey, pp. 64-107.

- Sander E.G., Warner R.G., Harrison H.N., Loosli J.K. (1959): The stimulatory effect of sodium butyrate and sodium propionate on the development of rumen mucosa in the young calf. J. Dairy Sci. 42: 1600-1605.

- Trautmann A., Schmitt J. (1933): Beiträge zur Physiologie des Wiederkäuermagens. IV. Mitteilung. Über den regelmässigen Rückfluss von Milch aus dem Labmagen in die Vormägen beim jugendlichen Wiederkäuer. Arch. Tierernähr. u. Tierzucht 9: 11-18.

- Wanner M. (1998): Aufzucht und Mast von Kälbern im Vergleich. Fachtagung der SVW, Bern, p. 5.

- Watson R.H. (1941): Studies on deglutition in sheep: A résumé of observations on the course taken by liquids through the stomach of sheep at various ages from birth to four years. Aust. Vet. J. 17: 52-58.

- Weeren-Keverling Buisman A. van, Noordhuizen-Stassen E.N., Breukink H.J., Wensing Th., Mouwen J.M.V.M. (1988): Villus atrophy in ruminal drinking calves and mucosal restoration after reconditioning. Veterinary Quarterly 10: 164-171.

- Weeren-Keverling Buisman A. van (1989): Ruminal drinking in veal calves. Proefschrift, Utrecht.

64

- Wise G.H., Anderson G.W. (1939): Factors affecting the passage of liquids into the rumen of the dairy calf. I. Method of administering liquids: Drinking from open pail versus sucking through a rubber nipple. J. Dairy Sci. 22: 697-705.

- Wise G.H., Anderson G.W., Miller P.G. (1942): Factors affecting the passage of liquids into the rumen of the dairy calf. II. Elevation of the head as milk is consumed. J. Dairy Sci. 25: 529-536.

- Wise G.H., Anderson G.W., Linnerud A.C. (1984): Relationship of milk intake by sucking and by drinking to reticular-groove reactions and ingestion behavior in calves. J. Dairy Sci. 67: 1983-1992.

- Zaremba W., Grunert E. (1981): Der Einfluss verschiedener Tränkeverfahren auf die Gesundheit neugeborener Kälber. Dtsch. tierärztl. Wschr. 88: 130-133.

EIGENE UNTERSUCHUNGEN

Im folgenden Teil werden eigene Untersuchungen zu den Krankheitsbildern spinale Muskelatrophie (SMA), spinale Dysmyelinisierung (SDM) und chronische Indigestion vorgestellt. Thema zweier weiterer Abschnitte sind der Neurostatus beim neugeborenen Kalb und Selenbestimmungen bei Klinikpatienten und bei gesunden Kontrollkälbern.

1. Spinale Muskelatrophie

Einleitung

In den bisher vorliegenden Arbeiten wurden die klinischen Befunde von SMA beim Kalb nur knapp oder nur anhand einer geringen Tierzahl beschrieben (BICHSEL ET AL., 1989; EL-HAMIDI ET AL., 1989; DIRKSEN ET AL., 1992; AGERHOLM UND BASSE, 1994). An dieser Stelle sollen daher das klinische Bild sowie die Ergebnisse der neurologischen Untersuchungen und von Laboruntersuchungen aufgrund einer grösseren Patientenzahl dargestellt werden, mit dem Ziel, die klinische Diagnostik und die differentialdiagnostische Abgrenzung dieser Krankheit in der Praxis zu erleichtern.

Tiere, Material und Methoden

Die Untersuchungen erstreckten sich auf 65 Braunviehkälber im Zeitraum der Jahre 1990 bis 1997. Es handelte sich um 46 weibliche und 19 männliche Tiere im Alter von zwei bis 85 Tagen (Median = 41 Tage). Einundfünfzig Kälber (78%) waren in einem Alter zwischen 22 und 56 Tagen.

Vorberichte

Zur Vorgeschichte wurden folgende Parameter erhoben: Geburtsverlauf, Alter bei den ersten Anzeichen einer Bewegungsstörung, Alter beim Beginn des Festliegens und allfällige frühere Erkrankungen.

Klinische und klinisch-neurologische Untersuchungen

Alle Patienten wurden klinisch gemäss BERCHTOLD ET AL. (1990) und soweit möglich klinisch-neurologisch untersucht. Die klinisch-neurologische Untersuchung umfasste folgende Elemente: Beurteilung von Bewusstsein und Verhalten sowie des Bewegungsablaufes (Haltung und Gang, Kontraktionsfähigkeit, Muskeltonus, Muskelatrophie, abnorme Muskelkontraktionen, Aufstellversuch), Untersuchung der Schmerzempfindung, der Haltungs- und Stellreaktionen (Korrekturreaktionen, Aufrichtreaktion), der spinalen Reflexe (Patellarreflex, Tibialis cranialis-Reflex, Achillessehnenreflex, Flexorreflex, Kron- und Ballenreflex, Trizepsreflex, Extensor carpi radialis-Reflex, Pannikulusreflex, Analreflex und Vulvareflex) und der Funktion der Kopfnerven.

Neurophysiologische Untersuchungen

An zehn Kälbern wurden die folgenden neurophysiologischen Messungen durchgeführt:

- Spontanaktivität in der Gliedmassen- und Rückenmuskulatur

- Motorische Nervenleitgeschwindigkeit an den *Nn. ulnaris, radialis, tibialis* und *fibularis*

- Sensible Leitgeschwindigkeit an den *Nn. tibialis* und *fibularis*

- Somatosensorisch evozierte Rückenmarkspotentiale (spinale SEP) nach Reizung des *N. tibialis* (oberhalb des Sprunggelenkes) mit Ableitstellen auf Höhe L7-S1, T12-T13 und C1 (HECKMANN, 1989)

Referenzwerte zur Beurteilung der erhobenen Messungen bei erkrankten Kälbern wurden an vier gesunden Kälbern gleichen Alters gewonnen.

Hämatologische und blutchemische Untersuchungen

Die hämatologischen und blutchemischen Untersuchungen erfolgten im Labor des Departementes für Innere Veterinärmedizin der Veterinärmedizinischen Fakultät der Universität Zürich. Bei einer unterschiedlichen Anzahl Patienten wurden folgende Untersuchungen durchgeführt: Bestimmung der Erythrozyten- und Leukozytenzahlen, des Hämatokrits und der Hämoglobinkonzentration, Beurteilung des roten Blutbildes, Leukozytendifferenzierung, Bestimmung der Konzentrationen von Plasmaprotein, Fibrinogen, Harnstoff, Kreatinin, Natrium, Kalium, Chlorid, Kalzium, Magnesium, Phosphor und Selen sowie Ermittlung der Aktivitäten der Glutamat-Dehydrogenase (GLDH), Aspartat-Aminotransferase (AST), Gamma-Glutamyl-Transferase (GGT) und der Kreatin-Kinase (CK).

Die Zahl der Erythrozyten und der Leukozyten und die Hämoglobinkonzentration wurden mittels eines Contraves-Analyzers Typ 801 (Contraves AG, Zürich), Substrate und Enzymkonzentrationen mittels eines Cobas-Mira-Gerätes (Hoffmann-La Roche, Diagnostica AG, Basel) unter Verwendung von Reagenzien von Hoffmann-La Roche nach Empfehlungen der "International Federation of Clinical Chemists" bestimmt. Die Fibrinogenbestimmung erfolgte mit der Hitze-präzipitationsmethode (SCHALM ET AL., 1975). Zusätzlich wurden beim Klinikeintritt mittels einer Blutgasanalysators (Ciba-Corning Typ 168) aus einer venösen Blutprobe die Parameter pH, pO_2, pCO_2 und HCO_3^- bestimmt.

Liquor cerebrospinalis

Bei 16 Kälbern erfolgte eine Liquorentnahme durch Lumbalpunktion. Die Proben wurden bezüglich Transparenz und Farbe beurteilt. Zudem wurde mittels einer Coomassie-Blaufärbung die Proteinkonzentration bestimmt. Neben der Zellzahlbestimmung wurden Aliquots der Liquorproben einer Zytospinpräparation (Shandon, Cytospin 2, Instrumentengesellschaft, Zürich) unterzogen, wonach das Sediment nach May-Grünwald-Giemsa gefärbt und differenziert wurde. Zusätzlich wurde die Aktivität der Kreatin-Kinase (CK) ermittelt.

Pathologisch-anatomische und histologische Untersuchungen

Alle 65 Kälber wurden wegen infauster Prognose euthanasiert und unmittelbar danach am Institut für Veterinärpathologie der Universität Zürich seziert. Dabei wurden das Gehirn, das gesamte Rückenmark sowie mehrere Proben peripherer Nerven (*Plexus brachialis* und *N. ischiadicus*), ferner Proben der Skelettmuskulatur und anderer Organe entnommen und in 10%igem, neutral gepuffertem Formalin fixiert. In Paraffin eingebettete Gewebsproben wurden routinemässig geschnitten und mit Hämatoxylin und Eosin gefärbt. Ein Teil der Rückenmarksproben wurden in Methylmetacrylat eingebettet.

Abstammung der Kälber

Die Abstammung aller 65 Patienten wurde anhand des Abstammungsausweises und zum Teil auch mittels Blutgruppenanalyse (Institut für Tierzucht,
Universität Bern) überprüft, um SMA-Trägerstiere erfassen zu können.

Resultate

Vorberichte

Die Geburt war bei allen Tieren komplikationslos verlaufen. Erste Anzeichen
einer Bewegungsstörung traten zwischen der Zeit unmittelbar nach der Geburt bis
zum Alter von 84 Tagen auf (Median = 31 Tage). Acht Kälber lagen gleich von
Geburt an fest, ohne jemals stehen zu können. Bei den anderen Patienten kam es im
Alter von ein bis 85 Tagen zum Festliegen (Median aller Patienten = 35 Tage).
Einundachtzig Prozent der Tiere lagen im Alter von zwei bis acht Wochen fest
(Tabelle 1). Sieben Kälber lagen während den ersten drei bis fünf Tagen nach der
Geburt fest, konnten später aber stehen, bis es im Alter von 5-38 Tagen erneut zum
Festliegen kam. Einundvierzig Tiere konnten in der Anfangsphase der Krankheit
derart aufgestellt werden, dass sie während einiger Zeit stehen konnten. Sechzehn
Patienten lagen ohne Voranzeichen und für den Besitzer überraschend eines Tages
fest. Die Zeitspanne zwischen dem Auftreten von ersten Symptomen bis zur
Einlieferung in die Klinik bewegte sich von einem bis zu 45 Tagen (Median = 7
Tage).

Sechs Kälber waren vor dem Auftreten dieser Krankheitserscheinungen wegen
Pneumonie behandelt worden, zwei weitere wegen Durchfall und eines wegen
Nabelentzündung. Da ein Mangel an Selen und/oder Vitamin E bei Kälbern zum
Festliegen führen kann, war die Mehrzahl der Patienten mit Selen und Vitamin E
behandelt worden, allerdings ohne Erfolg.

Tabelle 1: Alter zum Zeitpunkt des Festliegens bei 65 Kälbern mit SMA

Alter (Tage)	Anzahl Kälber (%)
neugeboren	8 (12)
1-14	2 (3)
15-28	14 (22)
29-42	24 (37)
43-56	14 (22)
57-70	1 (1)
71- 85	2 (3)
Total	65 (100)

Klinische und klinisch-neurologische Untersuchungen

Die wichtigsten Resultate der klinischen Untersuchung sind in Tabelle 2 zusammengefasst. Alle Patienten lagen in Brustlage fest, in 58 Fällen davon bei ungestörtem Allgemeinbefinden. Der Ernährungszustand war bei 37 Kälbern normal und bei 28 Kälbern ungenügend, wovon eines kachektisch war. Das Haarkleid war bei 58 Patienten unverändert und bei deren vier struppig. Drei Tiere wiesen als Folge des Festliegens bereits Dekubitus und Alopezie am Abdomen und an den Gliedmassen auf. Die Hautelastizität war bei 49 Tieren normal. In den restlichen 16 Fällen wurde eine gering- bis mittelgradige Exsikkose festgestellt. Bei 53 Tieren war die Rektaltemperatur im Normalbereich. Die Herz- und Atemfrequenz war in 56 bzw. 47 Fällen erhöht. Die Lungenauskultation ergab bei 41 Patienten ein verstärktes Vesikuläratmen und in zehn Fällen Rasselgeräusche und/oder Giemen. Die Hälfte der Kälber hustete spontan. Injizierte Skleralgefässe, Augen- und Nasenausfluss wurden in 19, 11 bzw. 18 Fällen beobachtet. Die Sauglust war bei 50 Kälbern normal, aber 32 Patienten begannen während der Tränkeaufnahme zu husten und an Dyspnoe zu leiden, was in vielen Fällen zum Abbruch des Saugens führte. Der Kot war bei 63 Kälbern unauffällig, bei den restlichen zwei Tieren hingegen pastös. Die Untersuchung des Nabels ergab bei drei Kälbern eine leichtgradige Verdickung. Die Gelenke waren ausnahmslos unauffällig.

Tabelle 2 : Resultate der klinischen Untersuchung bei 65 Kälbern mit spinaler Muskelatrophie

Parameter	Befund	Anzahl Kälber (%)
Allgemeinzustand	ungestört	58 (89)
	geringgradig gestört	4 (6)
	mittel- bis hochgradig gestört	3 (5)
Festliegen	ja	65 (100)
Ernährungszustand	normal	37 (57)
	mager	27 (41)
	kachektisch	1 (2)
Haarkleid	unverändert	58 (89)
	struppig	4 (6)
	Dekubitus, Alopezie	3 (5)
Hautelastizität	erhalten	49 (76)
	geringgradige Exsikkose	10 (15)
	mittelgradige Exsikkose	6 (9)
Rektaltemperatur[1]	normal (38.5-39.5 °C)	53 (82)
	erhöht (>39.5 °C)	4 (6)
	erniedrigt (<38.5 °C)	8 (12)
Herzfrequenz[1]	normal (72-92/Min.)	9 (14)
	erhöht (>92/Min.)	56 (86)
Atemfrequenz[1]	normal (20-40/Min.)	18 (28)
	erhöht (>40/Min.)	47 (72)
Schleimhäute	rosa	51 (79)
	gerötet	6 (9)
	blass	4 (6)
	zyanotisch	4 (6)
Skleralgefässe	normal	46 (71)
	injiziert	19 (29)
Augenausfluss	nein	54 (83)
	ja	11 (17)
Nasenausfluss	nein	47 (72)
	ja	18 (28)
Lungenauskultation	normal	14 (22)
	verstärktes Vesikuläratmen	41 (63)
	Rasseln und/oder Giemen	10 (15)
Husten	nein	32 (49)
	ja	33 (51)
Sauglust	ungestört	50 (77)
	geringgradig reduziert	10 (15)
	hochgradig reduziert	4 (6)
	keine	1 (2)
Dyspnoe und Husten beim Saugen	nein	33 (51)
	ja	32 (49)

[1] Referenzwerte aus JAKSCH UND GLAWISCHNIG (1981)

Bei sämtlichen Tieren war eine unterschiedlich stark ausgeprägte Muskelatrophie an allen vier Gliedmassen, insbesondere am Trizeps und an der Hinterbackenmuskulatur, sichtbar (Abbildung 1). Bei neun Kälbern wurde ein verminderter Muskeltonus festgestellt. Über die Resultate des Aufstellversuchs gibt Tabelle 3 Auskunft. Fünfzehn Tiere belasteten ihre Gliedmassen nicht, wenn sie aufgestellt wurden. Neunzehn Kälber waren zu einer geringen Belastung fähig, konnten aber ihr Gewicht nicht tragen. Bei 22 bzw. neun Patienten war das Stehvermögen während einigen Sekunden bzw. Minuten vorhanden, bevor sie zu Boden stürzten und oftmals mit nach vorne gestreckten Vordergliedmassen liegen blieben (Abbildung 2). Typisch waren bei diesen Kälbern beim Stehen ein aufgekrümmter Rücken, Zittern und Fussen auf den Klauenspitzen (Abbildung 3). Bei 25 Patienten wurde neben der Diagnose der SMA auch die Diagnose einer Bronchopneumonie gestellt.

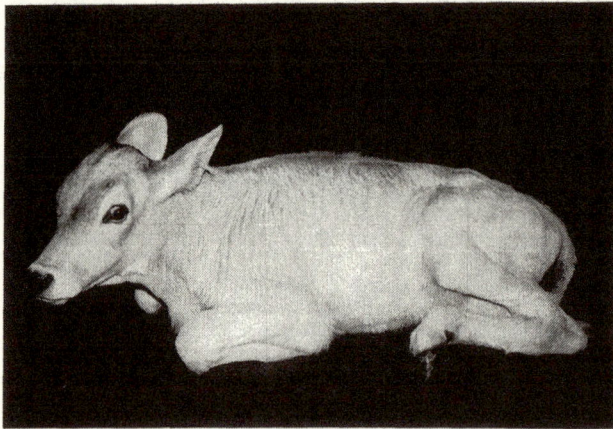

Abbildung 1: Festliegendes Kalb mit spinaler Muskelatrophie. Man beachte die deutliche Muskelatrophie im Hinterbacken- und Trizepsbereich

Abbildung 2: Kalb mit spinaler Muskelatrophie. Die Vordergliedmassen werden nicht zurückgezogen

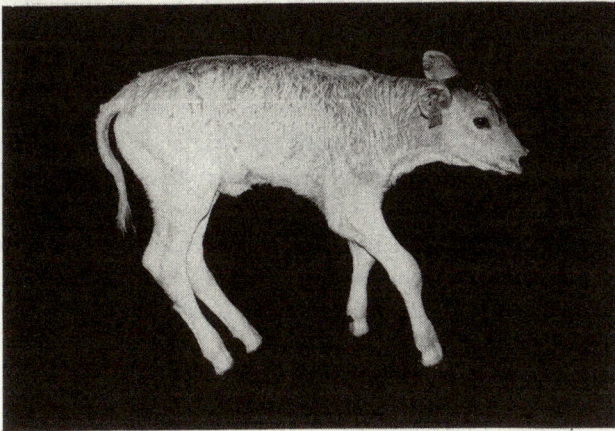

Abbildung 3: Kalb mit spinaler Muskelatrophie. Das Fussen auf den Zehenspitzen, die steife Haltung und der aufgekrümmte Rücken sind typisch

Tabelle 3: Resultate des Aufstellversuches bei 65 Kälbern mit spinaler Muskelatrophie

Befund	Anzahl Kälber (%)
Keine Belastung der Gliedmassen	15 (23)
Geringe Belastung der Gliedmassen	19 (29)
Stehvermögen während einigen Sekunden	22 (34)
Stehvermögen während einigen Minuten	9 (14)
Total	65 (100)

Die Prüfung der Korrekturreaktionen konnte nur bei acht Kälbern durchgeführt werden, da die andern sofort niederstürzten, wenn die Gliedmassen in eine unphysiologische Stellung gebracht wurden. Drei der acht Kälber zeigten beim Überköten und eines beim Überkreuzen der Gliedmassen eine normale Reaktion. Die Aufrichtreaktion war bei 63 Tieren normal, d.h. sie konnten sich aus eigener Kraft aus der Seitenlage in die Brustlage bringen. Zehn Patienten zeigten eine verminderte Schmerzreaktion. Die Untersuchung der Kopfnerven ergab keine abnormen Befunde.

Die Prüfung der spinalen Reflexe ergab bei den Trizeps-, Extensor carpi radialis-, Tibialis cranialis- und Achillessehnen-Reflexen in je knapp der Hälfte der Fälle eine normale oder herabgesetzte Reaktion (Tabelle 4). In Einzelfällen blieb eine Reflexantwort ganz aus. Bei den Patellar-, Flexor- sowie Kron- und Ballenreflexen wurde in etwa drei Vierteln der Fälle eine normale, bei einem Fünftel der Fälle eine herabgesetzte und in einigen wenigen Fällen gar keine Reflexantwort registriert. Bei der Prüfung der Pannikulus-, Anal- und Vulvareflexe lag der Anteil der normalen Reaktionen zwischen 80 und 90%.

Die wichtigsten Symptome waren:
- Ungetrübtes Bewusstsein
- Festliegen in Brustlage
- Zittern nach dem Aufstellen
- Muskelatrophie an den Gliedmassen
- Vorerst normale Sauglust, aber zunehmend Dyspnoe und Husten während der Milchaufnahme
- Spinale Reflexe zum Teil vermindert
- Oft sekundäre Bronchopneumonie.

Tabelle 4: Resultate der Prüfung der spinalen Reflexe bei 65 Kälbern mit spinaler Muskelatrophie

Reflex	normale Reaktion (%)		abgeschwächte Reaktion (%)		keine Reaktion (%)	
Patellarreflex links	53	(82)	10	(15)	2	(3)
Patellarreflex rechts	49	(75)	14	(22)	2	(3)
Tibialis cranialis-Reflex links	29	(45)	29	(45)	7	(10)
Tibialis cranialis-Reflex rechts	30	(46)	25	(39)	10	(15)
Achillessehnenreflex links	29	(45)	25	(38)	11	(17)
Achillessehnenreflex rechts	29	(45)	28	(43)	8	(12)
Flexorreflex vorne links	51	(78)	11	(17)	3	(5)
Flexorreflex vorne rechts	49	(75)	14	(22)	2	(3)
Flexorreflex hinten links	48	(74)	13	(20)	4	(6)
Flexorreflex hinten rechts	47	(72)	14	(22)	4	(6)
Kron- und Ballenreflex vorne links	51	(78)	12	(19)	2	(3)
Kron- und Ballenreflex vorne rechts	51	(78)	12	(19)	2	(3)
Kron- und Ballenreflex hinten links	47	(72)	14	(22)	4	(6)
Kron- und Ballenreflex hinten rechts	47	(72)	15	(23)	3	(5)
Trizepsreflex links	34	(52)	28	(43)	3	(5)
Trizepsreflex rechts	28	(43)	34	(52)	3	(5)
Extensor carpi radialis-Reflex links	31	(47)	27	(42)	7	(11)
Extensor carpi radialis-Reflex rechts	26	(40)	33	(51)	6	(9)
Pannikulusreflex	54	(83)	11	(17)	0	(0)
Analreflex	58	(89)	5	(8)	2	(3)
Vulvareflex (46 Kuhkälber)	41	(89)	3	(7)	2	(4)

Neurophysiologische Untersuchungen

Alle untersuchten Muskeln der Vorder- und Hintergliedmassen waren spontanaktiv und hatten unterschiedlich dichte Muster von Fibrillationspotentialen und positive scharfe Wellen als Ausdruck einer neurogenen Schädigung. Die Spontanaktivität war in den distalen Gliedmassenmuskeln immer am dichtesten. Bei keinem der erkrankten Tiere konnte indessen eine Spontanaktivität der Rückenmuskulatur abgeleitet werden.

Die motorischen und sensiblen Nervenleitgeschwindigkeiten lagen im Normbereich. Bei vier erkrankten Tieren waren die Geschwindigkeitswerte der aufsteigenden Rückenmarksbahnen (spinale SEP) im Normbereich, während bei einem Tier die Messung nicht möglich war. Ein Tier hatte deutlich erniedrigte Werte. Bei den übrigen Patienten wurde diese Messung nicht durchgeführt.

Hämatologische und blutchemische Untersuchungen

Die Werte von Hämatokrit, Hämoglobin und Erythrozytenzahl lagen je in etwa der Hälfte der untersuchten Tiere im oder über dem Referenzbereich (Tabelle 5). Sechzig Prozent der untersuchten Patienten wiesen eine erhöhte Leukozytenzahl im Blut auf. Der Plasmaproteingehalt, die Kreatinkinase (CK)-Aktivität und die Natriumkonzentration waren in 72%, 76% bzw. 42% der Fälle erhöht. Zwei Tiere hatten CK-Aktivitäten, die mit 1460 und 1926 U/l deutlich höher waren als bei den übrigen Patienten. Bei 11 von 16 Tieren lag die Konzentration des anorganischem Phosphates unter dem Referenzbereich.

Der pH-Wert des Blutes lag bei 27 von 45 Tieren im Referenzbereich, bei 11 Tieren darunter und bei sieben darüber (Tabelle 6). Ein grosser Teil der Patienten wies eine kompensierte respiratorische Azidose auf, die durch eine Erhöhung des pCO_2 und der Bikarbonatkonzentration und durch einen pH-Wert im Referenzbereich charakterisiert war.

Untersuchung des Liquor cerebrospinalis

Der Liquor war in 14 Fällen wasserklar. Bei den restlichen zwei untersuchten Patienten war er blutig und trüb. Der Proteingehalt und der Anteil segmentkerniger neutrophiler Granulozyten lag bei vier bzw. drei Tieren über dem Referenzbereich (Tabelle 7).

Tabelle 5: Resultate der hämatologischen und blutchemischen Untersuchungen bei Kälbern mit spinaler Muskelatrophie sowie Anteile der Werte im, unter und über dem Referenzbereich

Parameter (Einheit)	n	Medianwert (Min., Max.)	Referenzbereich[1]	Anteil Werte im Referenzbereich (%)	Anteil Werte unter dem Referenzbereich (%)	Anteil Werte über dem Referenzbereich (%)
Hämatokrit (%)	51	36 (25, 50)	19 – 36	26 (51)	0 (0)	25 (49)
Leukozytenzahl (10^3/µl)	50	12.9 (3.6, 41.0)	4 – 12	19 (38)	1 (2)	30 (60)
Hämoglobin(g/dl)	50	11.2 (7.6, 15.5)	5.7 – 10.9	23 (46)	0 (0)	27 (54)
Erythrozytenzahl (10^6/µl)	50	9.95 (7.10, 13.50)	7 – 10	27 (54)	0 (0)	23 (46)
Plasmaprotein (g/l)	46	66 (51, 80)	54 – 63	10 (22)	3 (6)	33 (72)
Fibrinogen (g/l)	46	6 (2, 12)	2 – 8	40 (87)	0 (0)	6 (13)
Harnstoff (mmol/l)	48	4.0 (2.4, 9.1)	2.3 – 5.7	38 (79)	0 (0)	10 (21)
Kreatinin (µmol/l)	46	81 (45, 133)	85 – 147	16 (35)	30 (65)	0 (0)
GLDH (U/l)	46	17.5 (4.2, 118.3)	5 – 27	32 (70)	1 (2)	13 (28)
Gamma–GT (U/l)	48	19 (11, 86)	12 – 23	33 (69)	3 (6)	12 (25)
CK (U/l)	37	305 (63, 1926)	62 – 200	9 (24)	0 (0)	28 (76)
Natrium (mmol/l)	48	145 (137, 153)	140 – 145	26 (54)	2 (4)	20 (42)
Kalium (mmol/l)	48	4.8 (4.1, 6.2)	4.5 – 5.3	38 (79)	7 (15)	3 (6)
Chlorid (mmol/l)	48	103 (91, 117)	97 – 108	32 (67)	5 (10)	11 (23)
Kalzium (mmol/l)	16	2.43 (2.27, 2.76)	2.39 – 2.80	11	5	0
Magnesium (mmol/l)	16	0.87 (0.74, 1.01)	0.74 – 1.12	16	0	0
Anorg. Phosphat (mmol/l)	16	2.48 (2.02, 3.32)	2.62 – 3.28	4	11	1
Selen (µg/l)	16	60.5 (17.0, 100.0)	>40[a]		3	13

[1] 10% - 90% - Quantil von 27 gesunden Kälbern (SICHER ET AL., IN BEARBEITUNG)
[a] <40 µg/l = mangelhafte Selenversorgung (VAN SAUN, 1990)

Tabelle 6: pH, pCO$_2$, Bikarbonat und Basenexzess im venösen Blut bei 45 Kälbern mit spinaler Muskelatrophie sowie Anteile der Werte im, unter und über dem Referenzbereich

Parameter (Einheit)	Medianwert (Min., Max.)	Referenzbereich[1]	Anteil Werte im Referenzbereich (%)	Anteil Werte unter dem Referenzbereich (%)	Anteil Werte über dem Referenzbereich (%)
pH	7.35 (7.27, 7.45)	7.34 – 7.38	27 (60)	11 (24)	7 (16)
pCO$_2$ (mm Hg)	57.3 (40.9, 85.1)	47 – 56	18 (40)	2 (4)	25 (56)
HCO$_3^-$ (mEq/l)	31.8 (22.0, 39.7)	24.0 – 30.2	15 (33)	1 (2)	29 (65)
Basenexzess (mEq/l)	6.5 (– 2.0, 13.6)	– 0.3 – 5.7	16 (36)	1 (2)	28 (62)

[1] 10% - 90% - Quantil von 20 gesunden Kälbern (SICHER ET AL., IN BEARBEITUNG)

Tabelle 7: Proteingehalt, Leukozytenzahl, Erythrozytenzahl und CK-Aktivität im *Liquor cerebrospinalis* bei Kälbern mit spinaler Muskelatrophie sowie Anzahl der Werte im, unter und über dem Referenzbereich

Parameter (Einheit)	n	Medianwert (Min., Max.)	Referenzbereich[1]	Anzahl Werte im Referenzbereich	Anzahl Werte unter dem Referenzbereich	Anzahl Werte über dem Referenzbereich
Protein (g/l)	14	0.30 (0.07, 0.60)	0.12 - 0.31	9	1	4
Leukozyten (pro µl)	16	3.4 (0.0, 20.4)[a]	1.0 - 24.1	12	4	0
Anzahl segment-kernige neutrophile Granulozyten	15	0.1 (0.0, 9.8)[a]	0.0 – 0.4	12	0	3
CK (U/l)	16	9 (0, 118)	0 - 136	16	0	0

[1] 10% - 90% - Quantil von 27 gesunden Kälbern (STOCKER ET AL., IN BEARBEITUNG)
[a] Diese Werte wurden bezüglich Erythrozytenkontamination korrigiert

Pathologisch-anatomische und histologische Untersuchungen

Alle 65 Kälber wiesen eine deutliche Atrophie der Gliedmassenmuskulatur auf, die histologisch bestätigt werden konnte. Das Bild entsprach allen Kriterien einer neurogenen Atrophie (HULLAND, 1985). Die Atrophie der Muskelfasern kam innerhalb eines Muskels gruppenweise vor. Bei einigen Muskelproben wurde innerhalb der Nervenscheide der zufällig getroffenen Nerven eine Zunahme von Bindegewebe mit myxoider Grundsubstanz beobachtet.

Bei 43 Kälbern (66%) wurde eine akute eitrige Bronchopneumonie mit bakterieller Mischinfektion festgestellt. In vielen Fällen enthielten die pneumonischen Veränderungen pflanzliche Partikel, was oft mit der Bildung von Fremdkörperriesenzellen verbunden war. Bei je einem Kalb wurden folgende zusätzliche Diagnosen gestellt: Kontraktion der Beugesehnen, Labmagenulzera, leichtgradige Neuritis *caudae equinae*, Untergänge von Myokardzellen und Sepsis.

Alle Kälber zeigten eine Degeneration von Neuronen in den Ventralhörnern des Rückenmarks sowie von Axonen im Rückenmark und in den grossen peripheren Nervenbahnen. Eine deutliche Wallersche Degeneration mit Aufreihung von Vakuolen, die öfters Myelinophagen enthielten, wurde häufig festgestellt. Die Anzahl der degenerierten Neuronen war hingegen gering. Am häufigsten kamen degenerierte motorische Neuronen in der *Intumescentia cervicalis* und *lumbalis* vor, aber auch an diesen Stellen musste in einigen Fällen minuziös gesucht werden, trotz der Anfertigung von 2 cm langen Rückenmarkslängsschnitten. Typische Veränderungen bestanden in einer Karyolyse, einer eosinophilen Verquellung des Zytoplasmas sowie, in seltenen Fällen, einer Neuronophagie und einer Gliose.

Abstammung der Kälber

Beide Eltern sämtlicher Kälber waren Nachkommen des Brown Swiss-Stieres Destiny 18619, der mit dem von AGERHOLM UND BASSE (1994) erwähnten Meadow View Destiny US 118619 identisch ist. Das Ergebnis der Abstammungskontrolle war stets mit der Annahme eines autosomal rezessiven Erbgangs vereinbar.

Diskussion

Das klinische Bild der SMA weist einige Charakteristika auf, die es dem erfahrenen Kliniker erlauben, diese Krankheit mit grosser Sicherheit zu erkennen. Dazu gehören ein ungetrübtes Bewusstsein, Festliegen in Brustlage, Muskelatrophie an den Gliedmassen, verminderte spinale Reflexe und Schluckbeschwerden beim Trinken. Die Muskelatrophie an den Gliedmassen war bei den Kälbern dieser Studie in der Regel deutlich zu erkennen. Interpretationsschwierigkeiten traten lediglich bei solchen Tieren auf, die deutlich abgemagert waren. Ob auch die Stammuskulatur atrophisch war, wie es andere Autoren postulierten (DIRKSEN ET AL., 1992; TROYER ET AL., 1993), ist unklar. Offensichtlich war dies jedenfalls nicht. Überdies konnte bei den neurophysiologischen Untersuchungen bei keinem der erkrankten Tiere Spontanaktivität der Rückenmuskulatur abgeleitet werden. Die Abschwächung der Intensität der spinalen Reflexe war im Vergleich zur Muskelatrophie ein weniger verlässliches Symptom. Bei mehreren Reflexen konnte nur bei der Hälfte der Tiere und beim Patellar- und Flexorreflex gar nur in etwa 20% der Fälle eine abgeschwächte Reaktion beobachtet werden. Daraus kann gefolgert werden, dass normale Reflexreaktionen das Vorliegen von SMA nicht ausschliessen. Allerdings wurde nur in Ausnahmefällen bei allen untersuchten Reflexen am gleichen Tier eine normale Reaktion festgestellt.

Das Zittern bei denjenigen Kälbern, die aufgestellt werden konnten und die während einigen Sekunden oder Minuten die Gliedmassen belasten konnten, ist als Zeichen eines verminderten Muskeltonus infolge Muskelatrophie zu betrachten (DIVERS ET AL., 1994). Bei der neurologischen Untersuchung am liegenden Kalb schien der Muskeltonus allerdings nur bei neun Patienten herabgesetzt, obwohl dies bei einer neurogenen Muskelatrophie immer der Fall sein müsste. Möglicherweise wird der geringere Muskeltonus am liegenden Kalb erst in einem fortgeschritteneren Krankheitsstadium erkennbar. Das Fussen auf den Klauenspitzen wurde als eine Folge der Sehnenkontrakturen nach tagelangem Festliegen interpretiert. Leichtgradige Sehnenkontrakturen waren oft feststellbar. Eine *Neuromyodysplasia* (Arthrogryposis) *congenita*, wie sie von anderen Autoren mehrfach diagnostiziert wurde (DIRKSEN ET AL., 1992; AGERHOLM UND BASSE, 1994), konnte jedoch nicht beobachtet werden. Übereinstimmend mit Beobachtungen von EL-HAMIDI ET AL. (1989) und DIRKSEN ET AL. (1992) blieben die Tiere nach dem Niederstürzen oftmals in einer froschähnlichen Position mit nach vorne ausgestreckten Gliedmassen liegen.

Etwas schwieriger war die Diagnosestellung bei denjenigen Kälbern, die von Geburt an festlagen, was im vorliegenden Patientengut in acht Fällen (12%) vorkam. Bei solchen Patienten waren die Symptome, insbesondere die Muskelatrophie, in der Regel weniger deutlich ausgeprägt. Bemerkenswert ist, dass sieben Kälber in den ersten drei bis fünf Lebenstagen festlagen, dann aber während Tagen bis Wochen stehen konnten, bis sie erneut festlagen. Diese Symptomatik hat eine gewisse Ähnlichkeit mit der Werdnig-Hoffmann Krankheit (SMA Typ 1) beim Menschen, bei der angenommen wird, dass sie schon vorgeburtlich beginnt. Möglicherweise gelingt es solchen Kälbern, als Folge eines gewissen Muskeltrainings nach der Geburt, die Stehfähigkeit für einige Zeit zu erlangen. Eine wichtige Differentialdiagnose zur SMA ist bei von Geburt an festliegenden Kälbern die spinale Dysmyelinisierung (SDM). Kälber mit SDM liegen aber in Seitenlage, haben spastische Hintergliedmassen und weisen teilweise gesteigerte spinale Reflexe auf.

Probleme des Respirationsapparates konnten häufig festgestellt werden und sind daher ein wichtiges Begleitsymptom der SMA. Die Hälfte der Kälber hustete spontan und in 78% der Fälle ergab die Lungenauskultation einen pathologischen Befund. Auch während der Tränkeaufnahme zeigte die Hälfte der Patienten Dyspnoe und Husten. Die meisten Tiere saugten vorerst gierig, verschluckten sich aber bald danach, was zu einer Aspirationspneumonie führte. Bei 66% der Patienten wurde in der Sektion eine Bronchopneumonie diagnostiziert. DIRKSEN ET AL. (1992) konnten bei einem Kalb eine Denervationsmyopathie auch in der Zwerchfellmuskulatur nachweisen und bezeichneten die Dyspnoe daher als ein Kardinalsymptom bei SMA. Ob auch in der Schluckmuskulatur eine Denervationsmyopathie vorliegt, ist Gegenstand weiterer Abklärungen. Eine solche Veränderung würde den hohen Anteil von Kälbern mit einer Aspirationspneumonie erklären. Eine weitere Ursache für die pneumonischen Veränderungen könnte die bei festliegenden Tieren eingeschränkte Lungenperfusion sein.

Die Resultate der laboranalytischen Untersuchungen gaben bei etwa der Hälfte der untersuchten Tiere Hinweise auf eine Exsikkose. Dies ist vereinbar mit den beobachteten Schwierigkeiten beim Saugen, welche in vielen Fällen zum Abbruch der Tränkeaufnahme führte. Die Leukozytose dürfte mit der Bronchopneumonie im Zusammmenhang stehen, könnte aber zum Teil auch stressbedingt sein. Die erhöhten Aktivitäten der CK sind erklärbar mit dem tagelangen Festliegen. Bei zwei Tieren wurde eine deutlich höhere CK-Aktivität festgestellt. Möglicherweise lag bei diesen beiden Tieren auch eine subklinische nutritive Muskeldystrophie (NMD) vor. Die Ursache für die leichtgradige

Hypophosphatämie bei 11 von 16 Tieren ist unklar. Eine Hypophosphatämie kann durch intra- oder extrazelluläre PO_4-Verteilungsstörungen, reduzierte renale PO_4-Resorption oder reduzierte intestinale PO_4-Absorption entstehen (HARTMANN, 1995). Bei den hier beschriebenen Kälbern könnte auch ein Nahrungsdefizit wegen mangelhafter Tränkeaufnahme einen Einfluss auf den Phosphorhaushalt ausgeübt haben, während es für die anderen möglichen Ursachen keine konkreten Hinweise gibt.

Die Liquoruntersuchung ergab keine Hinweise auf eine charakteristische Veränderung bei der SMA. Der geringgradig erhöhte Proteingehalt bei vier von 14 Tieren war durch eine Blutkontamination erklärbar. Die erhöhte Anzahl segmentkerniger neutrophiler Granulozyten bei drei von 15 Kälbern konnte hingegen nicht erklärt werden. Die histopathologische Untersuchung ergab keine Hinweise auf ein entzündliches Geschehen.

Die Diagnose der SMA kann klinisch nur als Verdachtsdiagnose gestellt werden. Der Verdacht kann durch neurophysiologische Untersuchungen erhärtet und durch histopathologische Untersuchungen bestätigt werden. Die erhobenen elektrophysiologischen Werte am eigenen Patientengut waren vereinbar mit der Annahme einer spinalen Muskelatrophie. Die normalen Nervenleitgeschwindigkeiten sprachen gegen eine Polyneuropathie. Die Messung der Spontanaktivität und die Bestimmung der motorischen und sensiblen Nervenleitgeschwindigkeiten ist bei klinisch fraglichen Fällen zu empfehlen und als Screening-Methode wertvoll. Auf die zeitlich aufwendige und technisch nicht einfache Bestimmung der Leitgeschwindigkeit aufsteigender Rückenmarksbahnen kann verzichtet werden.

Aus der Sicht des Pathologen wurde die Diagnose der SMA gestellt, wenn die folgende Kombination histopathologischer Merkmale vorhanden war: Degeneration von Neuronen in den Ventralhörnern des Rückenmarks sowie axonale Degeneration im Rückenmark und in den grossen peripheren Nervenbahnen. Von der Atrophie betroffen waren vor allem die Muskeln der Gliedmassen. Dies steht im Einklang damit, dass vorwiegend in der *Intumescentia cervicalis* und *lumbalis* degenerierte Neuronen vorhanden waren. Aber auch an diesen Prädilektionsstellen konnten die Veränderungen oft erst nach intensivem Suchen gefunden werden. Möglicherweise ist die Anzahl der degenerierten Neuronen vom Krankheitsstadium abhängig.

Kälber mit spinaler Muskelatrophie sind keine Kümmerer. Dies ist differentialdiagnostisch von grosser Bedeutung, denn bei vielen anderen Krankheiten, die zum Festliegen führen, sind die Kälber gezeichnet von ihrem chronischen Leiden. Am schwierigsten ist es, die SMA von der NMD abzugrenzen. Bei letzterer fehlt aber eine Muskelatrophie und eine frühzeitige Selen-/Vitamin-E-Therapie ist meistens erfolgreich. Die zweitwichtigste Differentialdiagnose ist die chronische Indigestion (metabolische Azidose/Pansentrinker). Diese Kälber sind apathisch, setzen meist lehmartigen Kot ab und haben ein struppiges Haarkleid, oft mit einer disseminierten Alopezie verbunden. Im Weiteren sind Polyarthritis, Omphalophlebitis/-arteriitis, Peritonitis, Herzfehler, Frakturen oder Abszesse im Bereich des Rückenmarks auszuschliessen. Tabelle 8 zeigt die wichtigsten Unterschiede zwischen der SMA, NMD und der chronischen Indigestion.

Die SMA ist nicht heilbar. Es können nur zuchthygienische Massnahmen zur Bekämpfung dieser hereditär bedingten Störung ergriffen werden.

Tabelle 8: Die wichtigsten Unterschiede zwischen spinaler Muskelatrophie (SMA), nutritiver Muskeldystrophie (NMD) und chronischer Indigestion

Kriterium	SMA	NMD	Chronische Indigestion
Bewusstsein	ungestört	ungestört oder herabgesetzt	apathisch bis komatös
Sauglust	ungestört, aber zunehmend Husten und Dyspnoe	ungestört oder reduziert	leicht bis stark reduziert
Muskelatrophie	ja	nein	nein
Besserung nach Selen-/Vitamin E-Therapie	nein	ja, falls früh therapiert	nein
CK-Aktivität im Blutserum	leicht- bis mittelgradig erhöht	meist mittel- bis hochgradig erhöht	eventuell leichtgradig erhöht
Weitere Merkmale	Zittern, wenn aufgestellt	in der akuten Phase oft erhöhte Körpertemperatur, evtl. Zittern	Haarausfall, trockener, evtl. lehmartiger Kot, Pansenazidose, metabolische Azidose

Zusammenfassung

Die Untersuchungsbefunde von 65 an spinaler Muskelatrophie (SMA) erkrankten Kälbern werden vorgestellt. Die ersten Symptome traten in den meisten Fällen im Alter zwischen zwei und acht Wochen auf. Alle Patienten lagen in Brustlage fest und hatten eine Muskelatrophie an den Gliedmassen. Weitere wichtige klinische Befunde waren ein ungestörtes Bewusstsein, abgeschwächte spinale Reflexe sowie Dyspnoe und Husten während der Tränkeaufnahme. Die Resultate der laboranalytischen Untersuchungen gaben bei etwa der Hälfte der untersuchten Tiere Hinweise auf eine Exsikkose. Die Liquoruntersuchungen ergaben keine charakteristischen Befunde für SMA.

Mittels neurophysiologischer Untersuchungen, die an zehn Kälbern durchgeführt wurden, konnte an den Gliedmassenmuskeln Spontanaktivität nachgewiesen werden. Die pathologisch-anatomischen Untersuchungen ergaben bei 43 Kälbern eine Bronchopneumonie. Das Resultat der histopathologischen Untersuchungen war eine Degeneration von Neuronen in den Ventralhörnern des Rückenmarks sowie eine axonale Degeneration im Rückenmark und in den grossen peripheren Nervenbahnen.

Literatur

- Agerholm J.S., Basse A. (1994): Spinal muscular atrophy in calves of the Red Danish dairy breed. Vet. Rec. 134: 232-235.

- Berchtold M., Zaremba W., Grunert E. (1990): Kälberkrankheiten. In: Neugeborenen- und Säuglingskunde der Tiere. Hrsg. Walser K. und Bostedt H., Ferdinand Enke Verlag, Stuttgart, pp. 260-335.

- Bichsel P., Meier C., Vandevelde M. (1989): Peripheral neuropathy in calves. Proc. 3rd Ann. Symp. Europ. Soc. Vet. Neurol., Bern, 23-25.

- Dirksen G., Doll K., Hafner A., Hermanns W., Dahme E. (1992): Spinale Muskelatrophie (SMA) bei Kälbern aus Brown Swiss x Braunvieh-Kreuzungen. Dtsch. tierärztl. Wschr. 99: 168-175.

- Divers T.J., Mohammed H.O., Cummings J.F., Valentine B.A., de Lahunta A., Jackson C.A., Summers B.A. (1994): Equine motor neuron disease: findings in 28 horses and proposal of a pathophysiological mechanism for the disease. Equine vet. J. 26: 409-415.

- El-Hamidi M., Leipold H.W., Vestweber J.G.E., Saperstein G. (1989): Spinal muscular atrophy in Brown Swiss calves. J. Vet. Med. A 36: 731-738.

- Hansen K.M., Krogh H.V., Engel-Moller J., Elleby F. (1988): Liggekalve-syndromet hos RDM. En ny arvelig kvaegsygdom. (The recumbent calf syndrome in Red Danish Milkbreed - A new hereditary disease). Dansk Vet. Tidsskr. 71: 128-132.

- Hartmann H. (1995): Elektrolyttherapie gegen isoionische Störungen (Dysionie). In: Hartmann H.:

Flüssigkeitstherapie bei Tieren. Gustav Fischer Verlag, Stuttgart, pp. 39-68.

- Heckmann R. (1989): Grundlagen und Methodik zu klinisch-neurophysiologischen Untersuchungen beim Hund. Ferdinand Enke Verlag, Stuttgart.

- Hulland T.J. (1985): Muscles and tendons. In: Jubb K.V.F., Kennedy P.C., Palmer N.: Pathology of Domestic Animals. 3rd ed., Vol 1, Academic Press, San Diego, pp. 139-199.

- Jaksch W., Glawischnig E. (1981): Klinische Propädeutik der inneren Krankheiten und Hautkrankheiten der Haustiere. 2. Aufl., Pareys Studientexte 5, Verlag Paul Parey, Berlin und Hamburg.

- Schalm O.W., Jain N.C., Carroll E.I. (1975): Veterinary Hematology. 3rd ed., Lea & Febiger, Philadelphia, pp. 16-81.

- Sicher D., Stocker H., Lutz H., Rüsch P.: Referenzwerte verschiedener Parameter im Blut und Harn bei gesunden Kälbern (in Bearbeitung).

- Stocker H., Sicher D., Lutz H., Rüsch P.: Referenzwerte im *Liquor cerebrospinalis* bei Kälbern im Alter von vier bis acht Wochen (in Bearbeitung).

- Troyer D., Cash W.C., Vestweber J., Hiraga T., Leipold H.W. (1993): Review of spinal muscular atrophy (SMA) in Brown Swiss cattle. J. Vet. Diagn. Invest. 5: 303-306.

- Van Saun R.J. (1990): Rational approach to selenium supplementation essential. Feedstuffs 62: 15-17.

2. Spinale Dysmyelinisierung

Einleitung

Das Schwergewicht der bisher veröffentlichten Arbeiten über die spinale Dysmyelinisierung (SDM) lag auf der Beschreibung der histopathologischen Befunde (HAFNER ET AL., 1993; AGERHOLM ET AL., 1994). An dieser Stelle werden das klinische Bild sowie die Resultate der neurologischen Untersuchungen und von Laboruntersuchungen von 14 an SDM erkrankten Kälbern beschrieben, mit dem Ziel, die klinische Diagnostik und die differentialdiagnostische Abgrenzung dieser Krankheit in der Praxis zu erleichtern.

Tiere, Material und Methoden

Die Untersuchungen erstreckten sich auf 14 Braunvieh-Kälber im Zeitraum von Dezember 1994 bis zum Ende des Jahres 1997. Es handelte sich um sieben männliche und sieben weibliche Tiere im Alter von 2-28 Tagen (Median = 7 Tage).

Vorberichte

Alle Kälber lagen nach einer komplikationslosen Geburt fest. Die Sauglust wurde bei acht Kälbern als gut bezeichnet, bei den andern als mässig bis schlecht. Bis zum Zeitpunkt der Einweisung in die Klinik waren den Besitzern ausser dem Festliegen keine behandlungsbedürftigen Gesundheitsstörungen aufgefallen.

Klinische und klinisch-neurologische Untersuchungen

Alle Patienten wurden klinisch gemäss BERCHTOLD ET AL. (1990) und, soweit möglich, klinisch-neurologisch untersucht. Die klinisch-neurologische Untersuchung umfasste folgende Elemente: Beurteilung von Bewusstsein und Verhalten sowie des Bewegungsablaufes (Haltung und Gang, Kontraktions-fähigkeit, Muskeltonus, Muskelatrophie, abnorme Muskelkontraktionen, Aufstellversuch), Untersuchung der Schmerzempfindung, der Haltungs- und Stellreaktionen (Korrekturreaktionen, Aufrichtreaktion), der spinalen Reflexe (Patellarreflex, Tibialis cranialis-Reflex, Achillessehnenreflex, Flexorreflex,

Kron- und Ballenreflex, Trizepsreflex, Extensor carpi radialis-Reflex, Pannikulusreflex, Analreflex und Vulvareflex) und der Funktion der Kopfnerven.

Hämatologische und blutchemische Untersuchungen

Die hämatologischen und blutchemischen Untersuchungen erfolgten im Labor des Departementes für Innere Veterinärmedizin der Veterinärmedizinischen Fakultät der Universität Zürich. Die Erythrozyten- und Leukozytenzahl sowie die Bestimmung des Hämatokrits und der Hämoglobinkonzentration wurden elektronisch mittels eines Contraves Analyzers AL 820 ermittelt (WINKLER ET AL., 1995). Die Beurteilung des roten Blutbildes und die Leukozytendifferenzierung erfolgten mikroskopisch unter Routinebedingungen. Die Konzentrationen von Plasmaprotein und Fibrinogen wurden mittels Refraktometrie bestimmt. Ein Cobas Mira (Hoffmann La Roche AG, Basel), unter Verwendung von Roche-Reagenzien bei 37° C, diente zur Bestimmung der Konzentrationen bzw. Aktivitäten folgender Parameter: Harnstoff, Kreatinin, Glutamat-Dehydrogenase (GLDH), Gamma-Glutamyl-Transferase (GGT), Kreatin-Kinase (CK) Natrium, Kalium und Chlorid. Aus einer venösen Blutprobe wurden mittels eines Blutgasanalysators (ABL 500 Radiometer) die Parameter pH, pO_2, pCO_2 und HCO_3- bestimmt.

Liquor cerebrospinalis

Bei 12 Kälbern erfolgte eine Liquorentnahme durch Lumbalpunktion. Die Proben wurden bezüglich Transparenz und Farbe beurteilt. Zudem wurde mittels einer Coomassie-Blaufärbung die Proteinkonzentration bestimmt. Neben der Zellzahlbestimmung wurden Aliquots der Liquorproben einer Zytospinpräparation (Shandon, Cytospin 2, Instrumentengesellschaft, Zürich) unterzogen, wonach das Sediment nach May-Grünwald-Giemsa gefärbt und differenziert wurde. Bei sechs Kälbern wurde zusätzlich die Aktivität der Kreatin-Kinase (CK) ermittelt.

Pathologisch-anatomische und histologische Untersuchungen

Da eine Heilung von an SDM erkrankten Kälbern nicht möglich ist, wurden alle 14 Patienten euthanasiert und unmittelbar danach am Institut für Veterinärpathologie der Universität Zürich seziert. Für die histologische Beurteilung wurden das Rückenmark, Gehirn und Proben von makroskopisch veränderten Geweben in 10%igem phosphatgepuffertem Formalin fixiert, in Paraffin eingebettet, routinemässig geschnitten und mit Hämatoxylin und Eosin gefärbt. Bei sieben Kälbern erfolgte eine Untersuchung auf BVD durch Immunhistologie an Kryostatschnitten oder an formalinfixierten Paraffinschnitten (THÜR ET AL., 1996).

Abstammung der Kälber

Die Ahnen aller Patienten wurden anhand des Abstammungsausweises erfasst. Bei zehn Kälbern wurde die Abstammung zusätzlich durch eine Blutgruppenanalyse überprüft (Institut für Tierzucht , Universität Bern).

Resultate

Klinische und klinisch-neurologische Untersuchungen

Die wichtigsten Resultate der klinischen Untersuchung sind in Tabelle 1 dargestellt. Alle 14 Patienten lagen in Seitenlage mit gestreckten Gliedmassen fest (Abbildung 1). Sie waren allerdings ausnahmslos in der Lage, den Kopf spontan anzuheben. Der Allgemeinzustand war bei vier Tieren gering- und bei einem hochgradig gestört. Neun Kälber befanden sich in einem dürftigen Ernährungszustand.

Die Rektaltemperatur lag ausnahmslos im Referenzbereich. Bei 11 Patienten ergab die Auskultation der Lunge ein verstärktes Vesikuläratmen, welches in drei Fällen kombiniert mit Giemen auftrat. Fünf Tiere waren gering- bis mittelgradig exsikkotisch. Die Skleralgefässe waren bei 12 Kälbern injiziert. Vier Kälber hatten Augenausfluss. Die Sauglust war bei zehn Kälbern ungestört, bei deren drei reduziert und in einem Fall ganz aufgehoben. Ein Kalb hatte nach dem Tränken Dyspnoe mit Maulatmen. Die Kotbefunde waren unauffällig. Bei einem Kalb enthielt der Pansensaft vergorene Milch und hatte einen pH-Wert von 4.5. Der äussere Nabel war bei drei Kälbern geringgradig verdickt.

Ältere Kälber befanden sich eher in einem schlechteren Gesundheitszustand als jüngere. Von den fünf über 10 Tage alten Tieren waren vier abgemagert und gering- bis mittelgradig exsikkotisch. Zwei dieser Tiere hatten einen geringgradig verdickten Nabel.

Das Bewusstsein war nur in einem Fall gestört (Tabelle 2). Die Hälfte der Kälber hatte Opisthotonus. Wenn sie in Brustlage gebracht wurden, konnten sie sich mehrheitlich während einiger Zeit in dieser Lage halten, bevor sie wieder in die Seitenlage zurückfielen. Auch in der Brustlage blieben die Hintergliedmassen meistens spastisch gestreckt. Bei 13 Tieren war eine Muskelatrophie vorhanden, die an der Hinterbackenmuskulatur am deutlichsten sichtbar war. Neun Patienten konnten ihr Gewicht ganz oder teilweise während einigen Sekunden oder Minuten tragen, wenn sie aufgestellt wurden (Abbildung 2). Dabei war die Belastungsfähigkeit fallweise nur vorne, hinten oder auf einer Seite vorhanden. Sobald die Tiere losgelassen wurden, fielen sie hin. Die Korrekturreaktionen waren, falls überhaupt überprüfbar, verzögert. Die Schmerzreaktion war bei vier Patienten gesteigert und bei einem vermindert. Die spinalen Reflexe waren normal oder gesteigert, in seltenen Fällen aber vermindert (Tabelle 3). Eine gesteigerte Reflexintensität wurde vor allem bei den Patellar-, Tibialis cranialis-, Achillessehnen-, Flexor- sowie Kron- und Ballenreflexen festgestellt. Die Untersuchung der Kopfnervenfunktion ergab keine abnormen Befunde. Die wichtigsten Symptome waren:

- Festliegen unmittelbar nach der Geburt
- Festliegen in Seitenlage
- Ungestörtes Bewusstsein
- Opisthotonus
- Spastische Hintergliedmassen
- Stehvermögen ohne Hilfe nicht vorhanden
- Nach dem Aufstellen nur ausnahmsweise Belastung aller vier Gliedmassen
- Gestörte Korrekturreaktionen
- Spinale Reflexe zum Teil gesteigert.

Tabelle 1 : Resultate der klinischen Untersuchung bei 14 Kälbern mit spinaler Dysmyelinisierung

Parameter	Befund	Anzahl Kälber
Allgemeinzustand	ungestört	9
	geringgradig gestört	4
	mittel- bis hochgradig gestört	1
Festliegen	ja	14
Ernährungszustand	normal	5
	mager	9
Haarkleid	unverändert	11
	struppig	3
Hautelastizität	erhalten	9
	geringgradige Exsikkose	3
	mittelgradige Exsikkose	2
Rektaltemperatur[1]	normal (38.5-39.5 °C)	14
Herzfrequenz[1]	erhöht (>92/Min.)	14
Atemfrequenz[1]	normal (20-40/Min.)	2
	erhöht (>40/Min.)	12
Schleimhäute	rosa	11
	gerötet	3
Skleralgefässe	normal	2
	injiziert	12
Augenausfluss	nein	10
	ja	4
Nasenausfluss	nein	11
	ja	3
Lungenauskultation	normal	3
	verstärktes Vesikuläratmen (VVA)	8
	VVA und Giemen	3
Husten	nein	12
	ja	2
Sauglust	ungestört	10
	geringgradig reduziert	1
	hochgradig reduziert	2
	keine	1

[1] Referenzwerte aus JAKSCH UND GLAWISCHNIG (1981)

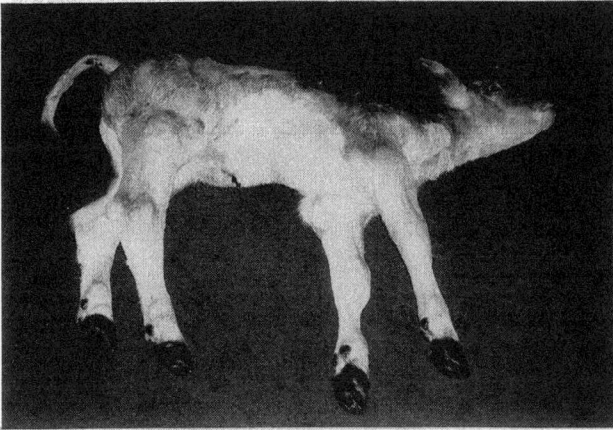

Abbildung 1: Festliegendes Kalb mit spinaler Dysmyelinisierung: Seitenlage, Opisthotonus und gestreckte Gliedmassen

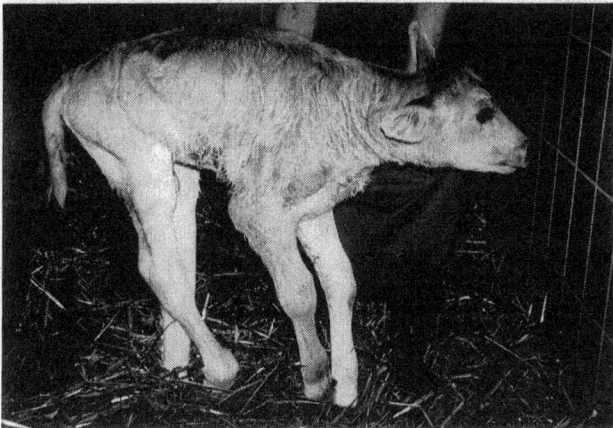

Abbildung 2: Überkreuzen der Beine und Überköten bei einem Kalb mit spinaler Dysmyelinisierung. Stehvermögen nur mit Hilfe vorhanden

Tabelle 2: Häufigkeit von abnormen Befunden bei der klinisch-neurologischen Untersuchung
(ohne Reflexprüfung) von 14 Kälbern mit spinaler Dysmyelinisierung

Parameter	Befund	Häufigkeit
Muskelatrophie	vorhanden	13
Extensormuskeltonus der Hintergliedmassen	gesteigert	13
Extensormuskeltonus der Vordergliedmassen	gesteigert	2
Abnorme Muskelkontraktionen	fibrilläre Kontraktionen	4
	Kopfzittern	1
Korrekturreaktionen	gestört	8
	nicht beurteilbar, da keine Gliedmassenbelastung	6
Opisthotonus	vorhanden	7
Schmerzreaktion	gesteigert	4
	vermindert	1
Bewusstsein	gestört	1

Tabelle 3: Resultate der Prüfung der spinalen Reflexe bei 14 Kälbern mit spinaler
Dysmyelinisierung

Reflex	normale Reaktion	gesteigerte Reaktion	abgeschwächte Reaktion
Patellarreflex links	1	13	0
Patellarreflex rechts	2	12	0
Tibialis cranialis-Reflex links	8	4	2
Tibialis cranialis-Reflex rechts	6	5	3
Achillessehnenreflex links	4	9	1
Achillessehnenreflex rechts	4	9	1
Flexorreflex vorne links	7	7	0
Flexorreflex vorne rechts	7	7	0
Flexorreflex hinten links	4	10	0
Flexorreflex hinten rechts	3	11	0
Kron- und Ballenreflex vorne links	9	5	0
Kron- und Ballenreflex vorne rechts	9	5	0
Kron- und Ballenreflex hinten links	3	11	0
Kron- und Ballenreflex hinten rechts	3	11	0
Trizepsreflex links	12	1	1
Trizepsreflex rechts	9	1	4
Extensor carpi radialis-Reflex links	9	1	4
Extensor carpi radialis-Reflex rechts	11	1	2
Pannikulusreflex	11	1	2
Analreflex	10	4	0
Vulvareflex (7 Kuhkälber)	4	3	0

Hämatologische und blutchemische Untersuchungen

Die Resultate der hämatologischen und blutchemischen Untersuchungen
lagen bei den meisten Parametern mehrheitlich im Referenzbereich (Tabelle 4).
Ausnahmen bildeten die GGT und die Natriumkonzentration mit 11 bzw. acht
Werten über dem Referenzbereich, die Chloridkonzentration mit sieben Werten

unter dem Referenzbereich und die CK, die in vier Fällen unter und in drei Fällen über dem Referenzbereich lag.

Die Blutgasanalyse ergab bei den meisten Patienten eine kompensierte oder dekompensierte respiratorische Azidose, die durch eine Erhöhung des pCO_2 und der Bikarbonatkonzentration sowie durch einen pH-Wert im oder unter dem Referenzbereich charakterisiert war (Tabelle 5).

Liquor cerebrospinalis

Der *Liquor cerebrospinalis* war bei zehn von 12 untersuchten Tieren wasserklar, bei den anderen zwei leicht trüb, bedingt durch eine Blutkontamination. Der Proteingehalt lag bei fünf und die Anzahl segmentkerniger neutrophiler Granulozyten bei zwei Tieren über dem Referenzbereich (Tabelle 6). Die Gesamtleukozytenzahl war jedoch in keinem Fall erhöht.

Tabelle 4: Resultate der hämatologischen und blutchemischen Untersuchungen bei Kälbern mit spinaler Dysmyelinisierung sowie Anzahl der Werte im, unter und über dem Referenzbereich

Paramter (Einheit)	n	Medianwert (Min., Max.)	Referenzbereich[1]	Anzahl Werte im Referenzbereich	Anzahl Werte unter dem Referenzbereich	Anzahl Werte über dem Referenzbereich
Hämatokrit (%)	13	36 (23, 44)	19 – 36	7	0	6
Leukozytenzahl ($10^3/\mu l$)	13	7.9 (4.3, 21.2)	4 – 12	11	0	2
Hämoglobin(g/dl)	13	10.4 (7.1, 13.2)	5.7 – 10.9	8	0	5
Erythrozytenzahl ($10^6/\mu l$)	13	8.45 (5.71, 10.21)	7 – 10	10	1	2
Plasmaprotein (g/l)	12	58 (54, 76)	54 – 63	8	0	4
Fibrinogen (g/l)	13	7 (4, 12)	2 – 8	9	0	4
Harnstoff (mmol/l)	13	4.7 (1.6, 5.5)	2.3 – 5.7	11	2	0
Kreatinin (µmol/l)	13	96 (58, 120)	85 – 147	12	1	0
GLDH (U/l)	13	9.8 (4.3, 20.9)	5 – 27	11	2	0
Gamma-GT (U/l)	13	54 (20, 291)	12 – 23	2	0	11
CK (U/l)	11	118 (10, 302)	62 – 200	4	4	3
Natrium (mmol/l)	13	147 (141, 156)	140 – 145	5	0	8
Kalium (mmol/l)	13	5.2 (4.7, 6.1)	4.5 – 5.3	10	0	3
Chlorid (mmol/l)	13	96 (81, 103)	97 – 108	6	7	0

[1] 10% - 90% - Quantil von 27 gesunden Kälbern (SICHER ET AL., IN BEARBEITUNG)

Tabelle 5: pH, pCO_2, Bikarbonat und Basenexzess im venösen Blut bei 12 Kälbern mit spinaler Dysmyelinisierung sowie Anzahl der Werte im, unter und über dem Referenzbereich

Parameter (Einheit)	Medianwert (Min., Max.)	Referenzbereich[1]	Anzahl Werte im Referenzbereich	Anzahl Werte unter dem Referenzbereich	Anzahl Werte über dem Referenzbereich
pH	7.34 (7.25, 7.40)	7.34 – 7.38	6	5	1
pCO_2 (mm Hg)	63.4 (55.3, 80.2)	47 – 56	1	0	11
HCO_3^- (mEq/l)	32.3 (27.1, 38.9)	24.0 – 30.2	3	0	9
Basenexzess (mEq/l)	7.0 (2.0, 12.8)	- 0.3 – 5.7	4	0	8

[1] 10% - 90% - Quantil von 20 gesunden Kälbern (SICHER ET AL., IN BEARBEITUNG)

Tabelle 6: Proteingehalt, Leukozytenzahl, Anzahl segmentkernige neutrophile Granulozyten und CK-Aktivität im *Liquor cerebrospinalis* bei Kälbern mit spinaler Dysmyelinisierung sowie Anzahl der Werte im, unter und über dem Referenzbereich

Parameter (Einheit)	n	Medianwert (Min., Max.)	Referenzbereich[1]	Anzahl Werte im Referenzbereich	Anzahl Werte unter dem Referenzbereich	Anzahl Werte über dem Referenzbereich
Protein (g/l)	12	0.31 (0.23, 1.70)	0.12 - 0.31	7	0	5
Leukozyten (pro µl)	12	3.6 (1.2, 21.4)[a]	1.0 - 24.1	12	0	0
Anzahl segment-kernige neutrophile Granulozyten	12	0.1 (0.0, 1.1)[a]	0.0 - 0.4	10	0	2
CK (U/l)	6	15.5 (1.0, 606.0)	0 - 136	4	0	2

[1] 10% - 90% - Quantil von 27 gesunden Kälbern (STOCKER ET AL., IN BEARBEITUNG)
[a] Diese Werte wurden bezüglich Erythrozytenkontamination korrigiert

Pathologisch-anatomische und histologische Untersuchungen

Bei allen Kälbern fiel bei der Entnahme des Rückenmarks dessen stark verminderte Dicke auf. Vergleiche mit dem Rückenmark von gleichaltrigen und von ZNS-Beschwerden freien Kälbern ergaben, dass der Durchmesser besonders im Thorakalbereich etwa auf die Hälfte reduziert war.

Die mikroskopische Untersuchung des Rückenmarks ergab in allen Segmenten eine hochgradige, bilateral symmetrische Reduktion oder sogar ein völliges Fehlen der Myelinscheiden. Die Verminderung der Axonscheiden-durchmesser war auch ohne Spezialfärbung gut sichtbar. Die peripheren submeningealen Bereiche waren am deutlichsten betroffen, und zwar vorwiegend in den lateralen und ventralen Funiculi. Bei stärkerer Vergrösserung waren unregelmässig eingestreute Gruppen von jeweils zwei bis vier normal ausgebildeten Nervenfasern erkennbar. Zusätzlich fielen vereinzelte eosinophile Axonverdickungen auf. Der Raum zwischen den Axonen wurde von einem lichtmikroskopisch nicht definierbaren, sehr feinen Netzwerk eingenommen. Die graue Substanz, die Nervenwurzeln und die Spinalganglien wiesen keine Veränderungen auf. Auch das Gehirn war in allen Fällen unverändert.

Bei fünf Kälbern wurde eine Bronchopneumonie und bei einem Patienten eine eitrige Karpitis diagnostiziert. Die Untersuchung auf das BVD-Virus ergab bei allen sieben untersuchten Kälbern ein negatives Resultat.

Abstammung

Sämtliche Patienten wiesen in ihrer Ahnenreihe auf der Vater- sowie auf der Mutterseite den Brown Swiss-Stier Elegant 48551.1900 auf, der schon seit über 20 Jahren in der Zucht eingesetzt wird.

Diskussion

Die charakteristischen Symptome von SDM sind Festliegen in Seitenlage unmittelbar nach der Geburt sowie spastische Hintergliedmassen, gestörte Korrekturreaktionen und teilweise gesteigerte spinale Reflexe. Die klinischen Befunde bei unseren Patienten stimmten mit der Beschreibung von AGERHOLM ET AL. (1994) weitgehend überein.

Bei der Prüfung der spinalen Reflexe wurden in einzelnen Fällen auch verminderte Reflexantworten festgestellt. Herabgesetzte Gliedmassenreflexe sind durch eine Läsion im Reflexbogen erklärbar. Zudem können Schwierigkeiten bei der Untersuchung und Befundinterpretation eine Hyporeflexie vortäuschen. Da nur in der weissen Substanz des Rückenmarks histologische Veränderungen gefunden werden konnten, muss angenommen werden, dass der Reflexbogen intakt war. Es wäre indessen auch denkbar, dass die Veränderungen im Reflexbogen rein funktioneller Natur waren oder dass die veränderten Stellen bei der histologischen Untersuchung nicht getroffen wurden. AGERHOLM ET AL. (1994) stellten bei ihren Patienten keine verminderten Reflexe fest. Es ist anzumerken, dass gelegentlich auch bei gesunden Kälbern nur eine schwache Reflexantwort ausgelöst werden kann.

Das obere motorische Neuronsystem hat einen regulierenden Einfluss auf die Reflexaktivität. Ein Ausfall des oberen motorischen Neuronsystems müsste daher zu gesteigerten Muskelstreckreflexen führen. Klinisch sind diese Störungen aber oft nicht objektivierbar, so dass die Reflexe als normal beurteilt werden.

Die gesteigerte Reaktion bei der Schmerzprüfung bei vier Kälbern ist vermutlich eher auf das Unvermögen zurückzuführen, eine modulierte Antwort auf den Stimulus zu geben, als auf ein verstärktes Schmerzempfinden. Das Kalb mit verminderter Schmerzreaktion hatte ein stark herabgesetztes Bewusstsein.

Die hämatologischen und klinisch-chemischen Untersuchungen ergaben keine Befunde, die einen Rückschluss auf SDM erlaubt hätten. Die veränderten Parameter standen im Zusammenhang mit der mangelhaften Tränkeaufnahme (Exsikkose) und mit Folgekrankheiten des Festliegens (Pneumonie, Karpitis). Erhöhte GGT-Aktivitäten werden bei neugeborenen Kälbern häufig festgestellt und sind auf die Absorption kolostraler GGT in den ersten Lebensstunden zurückzuführen (BRAUN ET AL., 1982).

Die bei der Mehrheit der Kälber diagnostizierte respiratorische Azidose dürfte eine Folge der bei festliegenden Kälbern eingeschränkten Lungenfunktion und der Bronchopneumonie bei fünf Patienten sein. Wie in den Arbeiten von AGERHOLM ET AL. (1994) und AGERHOLM UND ANDERSEN (1995) war Bronchopneumonie auch in der vorliegenden Studie die am häufigsten zusätzlich zur SDM gestellte pathologisch-anatomische Diagnose. Dies erstaunt nicht, denn die Gefahr, an einer Bronchopneumonie zu erkranken, ist bei festliegenden Kälbern erhöht, da die Lungenperfusion eingeschränkt ist und diese Tiere die Tränke in einer unphysiologischen Stellung aufnehmen müssen. Da Kälber mit SDM in Seitenlage liegen, ist die Gefahr einer Aspirationspneumonie besonders gross, wenn sie zur Tränkeaufnahme nicht in Brustlage gebracht werden.

Die Hypochlorämie bei sieben Tieren lässt sich als Reaktion auf den Anstieg der Bikarbonatkonzentration erklären, wodurch die Elektroneutralität zwischen Anionen und Kationen aufrechterhalten bleibt (SIEGENTHALER ET AL., 1976; KRAFT UND DÜRR, 1981).

Bei den Resultaten der Liquoruntersuchung war die bei vier Kälbern geringgradige und bei einem Kalb deutliche Erhöhung des Proteingehalts auffällig. Ein erhöhter Proteingehalt im *Liquor cerebrospinalis* kann durch eine erhöhte Permeabilität der Blut-Hirn/Rückenmark/Liquor-Schranken, eine intrathekale Globulinproduktion oder durch einen Unterbruch des Liquorflusses und/oder der Liquorabsorption verursacht werden (BAILEY UND VERNAU, 1997). Welche dieser Faktoren bei diesen Kälbern eine Rolle gespielt haben könnten, ist unklar. Die histopathologische Untersuchung von Hirn und Rückenmark ergab keine Hinweise auf entzündliche oder nekrotische Prozesse. Nur bei einem Kalb ist der erhöhte Proteingehalt möglicherweise mit einer Blutkontamination erklärbar.

Die neurohistologischen Veränderungen bei SMA, d.h. Nekrosen der Neuronen in den Ventralhörnern der grauen Substanz und eine deutliche Wallersche Degeneration in der weissen Substanz (EL-HAMIDI ET AL., 1989; DIRKSEN ET AL., 1992; STOCKER ET AL., 1992), lassen sich klar von den Veränderungen bei SDM unterscheiden.

Differentialdiagnostisch muss die SDM von denjenigen Krankheiten abgegrenzt werden, die ebenfalls zum Festliegen bei neugeborenen Kälbern führen können. Dazu gehören Asphyxie, Septikämie, nutritive Muskeldystrophie, spinale Muskelatrophie, persistierende Infektion mit dem BVD-Virus, Geburtstraumen und verschiedene Missbildungen. Am meisten Schwierigkeiten dürfte dem Kliniker die Unterscheidung zwischen der SDM und der SMA bereiten (Tabelle 7). Wie im vorangegangenen Kapitel beschrieben, liegen an SMA erkrankte Kälber meistens erst im Alter von zwei bis acht Wochen fest. Zudem weisen solche Kälber eine deutliche Atrophie im Bereich der Hinterbackenmuskulatur und des Trizeps auf. Aufgrund dieser Atrophie lässt sich zusammen mit der Anamnese und der Reflexprüfung eine Verdachtsdiagnose stellen. Bei an SMA erkrankten Kälbern, die von Geburt an festliegen, ist dagegen die Muskelatrophie an den Gliedmassen viel weniger auffällig. Im Unterschied zu Patienten mit SDM liegen Kälber mit SMA aber nicht in Seitenlage, haben keine spastischen Hintergliedmassen und weisen keine gesteigerten Reflexe auf. Die Abstammung gibt bei beiden Erkrankungen einen wertvollen Hinweis: Bisher waren sämtliche Elterntiere von Kälbern mit SMA

Nachkommen des Brown Swiss-Stieres Destiny 18619 und jene der Kälber mit SDM Nachkommen des Brown Swiss-Stieres Elegant 48551.

BVD-Virusinfektionen im mittleren Drittel der Trächtigkeit führen zu vielfältigen Missbildungen bei den Feten, unter anderem auch im zentralen Nervensystem (STÖBER ET AL., 1987; BERCHTOLD ET AL., 1990), wo Kleinhirnhypoplasie, Mikrophthalmie und Hydrozephalus diagnostiziert werden können. Wie bei SDM können auch bei der BVD-Infektion gestörte Haltungs- und Stellreaktionen sowie Opisthotonus auftreten. Eine Diagnosestellung ist klinisch schwierig und stützt sich daher auf die Virusisolation (DE KRUIF, 1993; GRUNERT, 1993) oder auf den Nachweis von Antikörpern in einer vor der ersten Kolostrumaufnahme entnommenen Serumprobe (STÖBER ET AL., 1987; BERCHTOLD ET AL., 1990; BRAUN ET AL., 1996), da der BVD-Virusnachweis bei der Mehrzahl dieser Patienten negativ ausfällt (WÖHRMANN ET AL., 1992; BRAUN ET AL., 1996).

Bei einer Unterversorgung der graviden Kühe mit Selen und Vitamin E kann sich bereits bei den Feten eine Muskeldystrophie entwickeln. Die betroffenen Kälber zeigen unmittelbar nach der Geburt Symptome wie Apathie, Festliegen oder Schluckbeschwerden. Die Diagnose kann durch die Bestimmung verschiedener biochemischer Parameter wie der Kreatin-Kinase und der Glutathionperoxidase erhärtet werden (BERCHTOLD ET AL., 1990).

Die Ergebnisse der Abstammungskontrollen sind vereinbar mit einem autosomal rezessiven Erbgang. Da eine Heilung von SDM nicht möglich ist, können nur zuchthygienische Massnahmen zur Bekämpfung dieser hereditär bedingten Störung ergriffen werden.

Tabelle 7: Die wichtigsten klinischen Erkennungsmerkmale bei spinaler Dysmyelinisierung (SDM) und spinaler Muskelatrophie (SMA)

Kriterium	SDM	SMA
Bewusstsein	ungestört	ungestört
Beginn des Festliegens	von Geburt an	in der Regel ab 2-8 Wochen, selten von Geburt an
Liegeposition	Seitenlage	Brustlage
Extensormuskeltonus der Hintergliedmassen	gesteigert (spastisch)	normal
Spinale Reflexe	normal oder gesteigert	normal oder vermindert
Abstammung (Stier)	Elegant 48551-1900	Destiny 18619-1900

Zusammenfassung

Es werden klinische, laboranalytische und histopathologische Befunde bei 14 Braunvieh-Kälbern mit spinaler Dysmyelinisierung (SDM) beschrieben. Die charakteristischen Symptome waren Festliegen in Seitenlage unmittelbar nach der Geburt, Opisthotonus, spastische Hintergliedmassen, zum Teil gesteigerte spinale Reflexe und gestörte Korrekturreaktionen bei ungestörtem Bewusstsein. Die histologische Untersuchung des Rückenmarks zeigte eine bilateral symmetrische Verminderung der Anzahl sowie der Durchmesser der Myelinscheiden.

Die differentialdiagnostische Abgrenzung von SDM von anderen Krankheiten, insbesondere der spinalen Muskelatrophie (SMA) wird diskutiert.

Literatur

- Agerholm J.S., Hafner A., Olsen S., Dahme E. (1994): Spinal dysmyelination in cross-bred Brown Swiss calves. J. Vet. Med. A 41: 180-188.

- Agerholm J.S., Andersen O. (1995): Inheritance of spinal dysmyelination in calves. J. Vet. Med. A 42: 9-12.

- Bailey C.S., Vernau W. (1997): Cerebrospinal fluid. In: Clinical Biochemistry of Domestic Animals. Eds. Kaneko J.J., Harvey J.W. and Bruss M.L., 5th ed., Academic Press, San Diego, London, pp. 785-827.

- Berchtold M., Zaremba W., Grunert E. (1990): Kälberkrankheiten. In: Neugeborenen- und Säuglingskunde der Tiere. Hrsg. Walser K. und Bostedt H., Ferdinand Enke Verlag, Stuttgart, pp. 260-335.

- Braun J.P., Tainturier D., Laugier C., Bénard P., Thouvenot J.P., Rico A.G. (1982): Early variations of blood plasma gamma-glutamyl transferase in newborn calves - a test of colostrum intake. J. Dairy Sci. 65: 2178-2181.

- Braun U., Thür B., Weiss M., Giger T. (1996): Bovine Virusdiarrhoe/Mucosal disease beim Rind – Klinische Befunde bei 103 Kälbern und Rindern. Schweiz. Arch. Tierheilk. 138: 465-475.

- De Kruif A. (1993): Störungen der Graviditätsdauer. In: Richter J., Götze R.: Tiergeburtshilfe. 4. Aufl., Hrsg. Grunert E. und Arbeiter K., Verlag Paul Parey, Berlin und Hamburg, pp. 190-212.

- Dirksen G., Doll K., Hafner A., Hermanns W., Dahme E. (1992): Spinale Muskelatrophie (SMA) bei Kälbern aus Brown Swiss x Braunvieh-Kreuzungen. Dtsch. tierärztl. Wschr. 99: 168-175.

- El-Hamidi M., Leipold H.W., Vestweber J.G.E., Saperstein G. (1989): Spinal muscular atrophy in Brown Swiss calves. J. Vet. Med. A 36: 731-738.

- Grunert E. (1993): Säuglingsinfektionen. In: Richter J., Götze R.: Tiergeburtshilfe. Hrsg. Grunert E. und Arbeiter K., 4. Aufl., Verlag Paul Parey, Berlin und Hamburg, pp. 518-559.

- Hafner A., Dahme E., Obermaier Gabriele, Schmidt P., Dirksen G. (1993): Spinal dysmyelination in new-born Brown Swiss x Braunvieh calves. J. Vet. Med. B 40: 413-422.

- Jaksch W., Glawischnig E. (1981): Klinische Propädeutik der inneren Krankheiten und Hautkrankheiten der Haustiere. 2. Aufl., Pareys Studientexte 5, Verlag Paul Parey, Berlin und Hamburg.

- Kraft W., Dürr U.M. (1981): Wasser- und Elektrolythaushalt. In: Kompendium der klinischen Laboratoriumsdiagnostik bei Hund, Katze, Pferd. 2. Aufl., Verlag M. & H. Schaper, Hannover, pp. 148-157.

- Sicher D., Stocker H., Lutz H., Rüsch P.: Referenzwerte verschiedener Parameter im Blut und Harn bei gesunden Kälbern (in Bearbeitung).

- Siegenthaler W., Würsten D., Siegenthaler G. (1976): Wasser- und Elektrolythaushalt. In: Klinische Pathophysiologie. Hrsg. Siegenthaler W., 3. Aufl., Georg Thieme Verlag, Stuttgart, pp. 196-222.

- Stocker H., Ossent P., Heckmann R., Oertle C. (1992): Spinale Muskelatrophie bei Braunvieh-Kälbern. Schweiz. Arch. Tierheilk. 134: 97-104.

- Stocker H., Sicher D., Lutz H., Rüsch P.: Referenzwerte im Liquor cerebrospinalis bei Kälbern im Alter von vier bis acht Wochen (in Bearbeitung).

- Stöber M., Roming L., Brentrup H. (1986): Bovine Virusdiarrhoe: Okulozerebelläres Syndrom beim neugeborenen Kalb. Prakt. Tierarzt 68, Collegium veterinarium XVII: 67-68.

- Thür B., Zlinszky K., Ehrensperger F. (1996): Immunhistologie als zuverlässige und effiziente Methode für die Diagnose von BVDV-Infektionen. Schweiz. Arch. Tierheilk. 138: 476-482.

- Winkler G.C., Engeli E., Rogg E., Kieffer J., Kellenberger H., Lutz H. (1995): Evaluation of the Contraves AL 820 automated haematology analyser for domestic, pet and laboratory animals. Comp. Haematol. Int. 5: 130-139.

- Wöhrmann T., Hewicker-Trautwein M., Fernandez A., Moennig V., Liess B., Trautwein G. (1992): Distribution of bovine virus diarrhoea viral antigens in the central nervous system of cattle with various congenital manifestations. J. Vet. Med. B 39: 599-609.

3. Selenkonzentrationen im Blutserum von gesunden und kranken Kälbern

Einleitung

In der Schweiz wurden in den letzten Jahren Blutselenbestimmungen bei Kühen mit unterschiedlicher Fruchtbarkeit (FLEISCHER, 1987) und bei Kühen aus Herden mit erhöhter Inzidenz verschiedener Krankheiten (BRAUN ET AL., 1991) durchgeführt. Weitere Untersuchungen erfolgten an Kühen während der Winterfütterung (KESSLER ET AL., 1991) sowie bei Ammen- und Mutterkühen und deren Kälbern (MATHIS, 1982). Ziel der vorliegenden Arbeit war es, die Selenversorgung der Kälber im Patientengut der Klinik für Geburtshilfe, Jungtier- und Euterkrankheiten zu bestimmen und allfällige Unterschiede zwischen gesunden und kranken Kälbern aufzuzeigen. Ausserdem sollte geprüft werden, ob ein Zusammenhang zwischen der Selenversorgung und der Art der Erkrankung oder dem Alter der Patienten besteht.

Tiere, Material und Methoden

In einer retrospektiven Studie wurden die Selenwerte im Blutserum von Kälberpatienten der Klinik für Geburtshilfe, Jungtier- und Euterkrankheiten der Jahre 1988 (n=28), 1989 (n=76) und 1990 (n=84) ausgewertet. Es handelte sich um Kälber beiderlei Geschlechts im Alter von maximal drei Monaten. Die Kälber gehörten den Rassen Schweizer Braunvieh, Schweizer Fleckvieh, Schweizer Holstein und deren Kreuzungen an. Einige der Patienten waren bereits durch den Bestandestierarzt mit einer im Einzelfall nicht bekannten Dosis von Selen und Vitamin E parenteral vorbehandelt worden und wurden daher gesondert ausgewertet. Die Blutentnahme erfolgte an der *Vena jugularis* am Tag des Klinikeintritts.

Im Sommer 1990 wurden Selenbestimmungen im Blutserum von 64 klinisch gesunden Kälbern (= Kontrollgruppe, 1990/C) der gleichen Alterskategorie aus 37 Betrieben durchgeführt. Fünfzehn dieser Kälber stammten aus dem Praxisgebiet der Ambulatorischen Klinik des Kantonalen Tierspitals Zürich, die restlichen aus verschiedenen Regionen des Kantons Zürich und aus dem Kanton Aargau. Die Selenbestimmungen erfolgten an maximal zwei Kälbern pro Betrieb. Gemäss Vorbericht waren die Kälber seit der Geburt nie ernsthaft krank, und alle stammten aus Betrieben ohne nennenswerte Krankenheitsprobleme.

Die Selenanalyse erfolgte im Labor des Departementes für Innere Veterinärmedizin der Veterinärmedizinischen Fakultät der Universität Zürich. Sie wurde mittels flammenloser Atomabsorption nach der von FORRER ET AL. (1991) beschriebenen Methode, mit welcher der Selengehalt im Serum direkt gemessen werden kann, durchgeführt. Dazu wurde die Serumprobe mit einem Matrixmodifier (Palladium) versetzt und 25 µl davon auf die Plattform in einer Graphitrohrküvette pipettiert. Nach dem Trocknen und Veraschen der Probe wurde das Selen bei 2700 °C atomisiert und die Absorption bei 196 nm gemessen. Die Selenkonzentration in der Probe wurde mittels Standardaddition ermittelt. Gemessen wurde auf einem Atomabsorptions-Spectrophotometer der Firma Varian (Spectra AA-20, mit Graphit tube atomizer GTA - 96, mit Autosampler).

Für jedes Untersuchungsjahr wurde der Mittelwert des Selengehaltes im Blutserum berechnet, und zwar getrennt für unbehandelte (1988/A, 1989/A, 1990/A) und für mit Selen vorbehandelte Patienten (1988/B, 1989/B, 1990/B). Die nicht mit Selen vorbehandelten Patienten aller drei Jahre wurden zusätzlich nach der Art der Erkrankung (betroffenes Organsystem), nach dem Alter und nach der Grösse bestimmter Blutparameter beim Klinikeintritt (pH-Wert des Blutes, Hämatokrit, Plasmaprotein, Fibrinogen) gruppiert. Die Unterteilung wurde wie folgt vorgenommen: Organsysteme (Verdauungsapparat, Respirationsapparat, Nabel, ZNS, nutritive Muskeldystrophie [NMD], Verdauungsapparat und Respirationsapparat, Diverse, übrige Kombinationen), Alter (bis 30 Tage, 31-60 Tage, 61-92 Tage), Blutgas (pH-Wert des venösen Blutes <7.25 bzw. >7.25), Hämatokrit (<31, 31-40, >40 %), Plasmaprotein (<41, 41-50, 51-60, >60 g/l), Fibrinogen (<7, 7-10, >10 g/l). Bei den Kontrollkälbern erfolgte ebenfalls eine Unterteilung in drei Altersgruppen. Die Selenmittelwerte der verschiedenen Gruppen wurden miteinander verglichen.

Die statistische Auswertung der Ergebnisse erfolgte mittels StatView 512+ (ANONYM, 1986), wobei eine einfache Varianzanalyse und paarweise Vergleiche mit dem Test nach Scheffé zur Anwendung kamen.

Resultate

Der Mittelwert der Selenkonzentration im Blutserum lag bei den nicht Selen-supplementierten Patientengruppen aller drei Untersuchungsjahre und auch bei den Kontrollkälbern unter 30 µg/l (1 µg = 0.0127 µmol). Bei letzteren lag der Wert mit 14.5 µg/l am tiefsten (vgl. Tabelle 1).

Tabelle 1: Mittelwerte ($\overline{x}$) und Standardabweichungen (s) der Selenkonzentrationen (µg/l) im Blutserum von drei Gruppen von Kälbern: (A) Patienten, die nicht mit Selen vorbehandelt worden waren, (B) Patienten, die parenteral mit Selen vorbehandelt worden waren, (C) klinisch gesunde Kontrollkälber, die nicht mit Selen vorbehandelt worden waren

Jahr	Gruppe A			Gruppe B			Gruppe C		
	n	$\overline{x}$	s	n	$\overline{x}$	s	n	$\overline{x}$	s
1988	18	29.1	16.8	10	61.7	25.1			
1989	61	27.5	13.0	15	88.7	43.3			
1990	44	23.0	11.2	40	72.6	32.2	64	14.5	8.3

Die Mittelwerte aller unbehandelten Gruppen (1988/A, 1989/A, 1990/A) sowie der Kontrollkälber (1990/C) unterschieden sich signifikant von den Mittelwerten aller behandelten Gruppen (1988/B, 1989/B, 1990/B), $P < 0.05$. Ausserdem war der Mittelwert der Kontrollkälber (1990/C) signifikant verschieden von jenem der unbehandelten Kälber des Jahres 1989 (1989/A), $P < 0.05$.

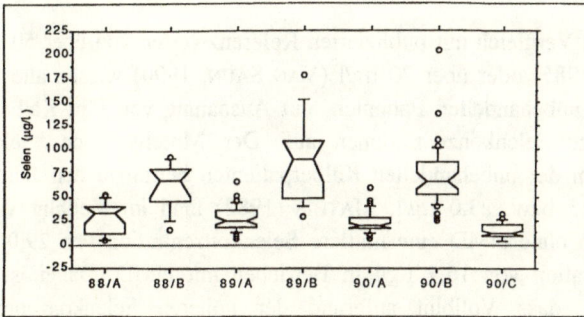

Abbildung 1: Darstellung der Selenkonzentrationen im Blutserum von Kälbern in den Jahren 1988-1990 in Form von Box-und-Whisker-Plots. (A) Patienten, die nicht mit Selen vorbehandelt worden waren, (B) Patienten, die parenteral mit Selen vorbehandelt worden waren, (C) klinisch gesunde Kontrollkälber, die nicht mit Selen vorbehandelt worden waren

Wie aus Tabelle 1 und Abbildung 1 weiter hervorgeht, waren die Selenwerte bei den mit Selen vorbehandelten Kälbern in allen drei Untersuchungsjahren deutlich höher als bei den nicht behandelten Kälbern. Diese Unterschiede waren statistisch signifikant (P<0.05). Zwischen den Gruppen der unbehandelten sowie zwischen den Gruppen der behandelten Kälber aller drei Untersuchungsjahre ergaben sich keine signifikanten Unterschiede. Der durchschnittliche Selenwert bei den Kontrolltieren war signifikant tiefer als bei den unbehandelten Kälbern des Jahres 1989, unterschied sich aber statistisch nicht von den entsprechenden Werten der Jahre 1988 und 1990.

Bei den verschiedenen Altersgruppen konnte weder für die Patienten noch für die Kontrollkälber ein signifikanter Unterschied zwischen den Mittelwerten der Selenkonzentration im Serum ermittelt werden. Das gleiche gilt auch für die Selenkonzentrationen der Patienten mit verschiedenen Organerkrankungen und unterschiedlichen Werten für die Blutparameter pH, Hämatokrit, Plasmaprotein-konzentration und Fibrinogenkonzentration.

Diskussion

Im Vergleich mit publizierten Referenzwerten von über 50 µg/l (STEVENS ET AL., 1985) oder über 70 µg/l (VAN SAUN, 1990) wiesen alle Kontrollkälber und alle unbehandelten Patienten, mit Ausnahme von fünf Kälbern, wesentlich erniedrigte Selenkonzentrationen auf. Der Mittelwert des Selengehaltes im Blutserum der unbehandelten Kälberpatienten betrug in den Jahren 1988-1990 29.1, 27.5 bzw. 23.0 µg/l. MATHIS (1982) fand im Vollblut von Kälbern in Betrieben ohne NMD eine mittlere Selenkonzentration von 29.0 µg/l und eine Konzentration von 16.7 µg/l in Betrieben mit NMD. Dabei ist allerdings zu beachten, dass Vollblut aufgrund der höheren Selenkonzentration in den Erythrozyten eine um 10-50% höhere Selenkonzentration aufweist als Serum oder Plasma (ULLREY, 1987). Etwas überraschend war, dass der Mittelwert bei den Kontrollkälbern in unserer Studie bei nur 14.5 µg/l lag. Wenn man aber bedenkt, dass der grösste Teil (85%) des Wiesenfutters in der Schweiz für eine ausreichende Versorgung der Tiere zu wenig Selen enthält, d.h. weniger als 50 ppb, ist dieses Resultat weniger erstaunlich (STÜNZI, 1989). Die beobachteten Unterschiede zwischen den unbehandelten Patienten und den Kontrollkälbern können nicht abschliessend erklärt werden. Denkbar wäre, dass einige der Patienten, entgegen den anamnestischen Angaben, doch schon mit Selen und Vitamin E behandelt worden waren. Untersuchungen bei Milchkühen in der Schweiz ergaben ebenfalls mehrheitlich Selenwerte im Blutserum von unter 50 µg/l (FLEISCHER, 1987; BRAUN ET AL., 1991; KESSLER ET AL., 1991).

Auch von den mit Selen behandelten Kälbern wiesen in den Jahren 1988 und 1989 je vier und im Jahr 1990 deren acht eine Selenkonzentration von weniger als 50 µg/l auf. Bei den meisten Kälbern dieser Gruppe wurden jedoch deutlich höhere Werte gemessen ($\bar{x}$ = 61.7, 88.7 bzw. 72.6 µg/l). Über die Dosis der Vorbehandlungen lagen allerdings keine exakten Angaben vor. Nach einer Selen-Injektion steigt der Blutselenspiegel rasch an, fällt aber auch rasch wieder ab, allerdings nicht bis auf den Ausgangswert. In einer Untersuchung von MAAS ET AL. (1993) wurden fünf Stunden nach einer intramuskulären Injektion von 0.05 mg Se/kg Körpergewicht maximale Selenwerte im Vollblut und im Serum gemessen. In den darauffolgenden Tagen sank der Selenspiegel zwar rasch ab, blieb aber sowohl im Vollblut als auch im Serum während mindestens 28 Tagen signifikant höher als bei der Kontrollgruppe. Die Aktivität der GSH-Px war erst 28 Tage nach der Behandlung signifikant erhöht und blieb bis zum Ende der Messperiode am Tag 84 höher als in der Kontrollgruppe. In einem Experiment von LITTLE ET AL. (1979) blieb die Selenkonzentration im Blut nach einer Injektion von 0.1 mg Se/kg Körpergewicht s.c. während sechs Monaten signifikant erhöht.

Zellen mit hohem Stoffumsatz, wie beispielsweise die Muskelzelle, sind bei einem Selen- und Vitamin E-Mangel besonders gefährdet (NOHL, 1984). Dem praktizierenden Tierarzt sind die unterschiedlichen Symptome einer NMD je nach betroffener Muskelgruppe bestens bekannt. In der vorliegenden Untersuchung zeigten nur zwei Kälber Symptome einer NMD. Sie waren nicht vorbehandelt und wiesen Selenkonzentrationen von 7 bzw. 12 µg/l im Serum auf. Da Selen ein Bestandteil jeder Zellart ist und die Immunität beeinflusst (SWECKER, 1997), interessierte die Frage, ob bei tiefer Selenversorgung ausser der Muskulatur auch andere Organsysteme für Krankheiten prädisponiert sind. Nach unseren Untersuchungen scheint dies jedoch nicht der Fall zu sein, denn es ergaben sich keine statistisch gesicherten Beziehungen zwischen Erkrankungen verschiedener Organsysteme und Selenkonzentrationen. Verschiedene Autoren fanden hingegen eine geringere Inzidenz chronischer Mastitiden bei einem höheren Selenversorgungsgrad (WEISS ET AL., 1990; BRAUN ET AL., 1991; KLAWONN ET AL., 1996; JUKOLA ET AL., 1996).

Zwischen der Selenkonzentration und den verschiedenen Blutparametern konnte in den eigenen Untersuchungen ebenfalls keine Beziehung gefunden werden.

Laut Literaturangaben liegt der Erkrankungsschwerpunkt für akute NMD beim Kalb zwischen der vierten und achten Lebenswoche (SCHOLZ, 1988). Somit wäre es denkbar, dass in diesem Alter oder schon früher tiefere Selenwerte zu finden wären, was sich aber bei den vorliegenden Untersuchungen nicht bestätigte. WALTNER-TOEWS ET AL. (1986) und BOSTEDT ET AL. (1987) stellten bei Kälbern, die zum Zeitpunkt der Geburt signifikant tiefere Blutselenkonzentrationen aufwiesen, vermehrt Gesundheitsstörungen in den ersten vier bzw. sechs Lebenswochen fest. Andere Autoren fanden jedoch keinen Zusammenhang zwischen Blutselenspiegel und Erkrankungsrate (GLEED ET AL., 1983; WEISS ET AL., 1983; WIKSE ET AL., 1986).

Der Selengehalt ist im Kolostrum nur während zwei bis drei Tagen erhöht (SCHOLZ, 1991). Von diesem Zeitpunkt an ist das Kalb auf eine adäquate Selenzufuhr angewiesen. Ist diese ungenügend, so muss es auf die intrauterin angelegten Reserven zurückgreifen. Letztere reichen aber nur für maximal zwei bis vier Wochen (SCHOLZ, 1991). Selengaben an laktierende Kühe führen auch zu einem Anstieg des Selengehaltes in der Milch. Eine Erhöhung der Selengabe von 0.1 ppm auf 0.3 ppm in der Ration führte zu einem Anstieg des Selengehaltes in der Milch von 0.03 µg/ml auf 0.06 µg/ml (MAUS ET AL., 1980). Höhere Selengaben liessen aber die Selenausscheidung in der Milch nicht weiter ansteigen. Dies ist insofern ein Vorteil, als dadurch die Gefahr von Selenvergiftungen durch den Milchkonsum praktisch ausgeschlossen werden kann. Organisches Selen führt zu höheren Selenwerten in der Milch als anorganisches Selen (CONRAD UND MOXON, 1979; FISHER ET AL., 1995). Bei einem Selengehalt von 0.06 µg/ml in der Milch würde ein Kalb mit fünf Litern Milch pro Tag 0.3 mg Selen aufnehmen, gleich viel wie mit einem Kilogramm Trockensubstanz eines Milchaustauschers mit einem Selengehalt von 0.3 ppm.

Beurteilt man die Resultate der vorliegenden Untersuchung aufgrund des fünfstufigen Modells von KIRCHGESSNER ET AL. (1986), so befanden sich vermutlich die meisten Kälber im suboptimalen Bereich der Versorgung, bei dem im Vergleich zur optimalen Versorgung keine Symptome, aber biochemische Veränderungen im Stoffwechsel vorhanden sind. Wenn der Selengehalt im Vollblut unter 20-30 µg/l fällt, ist mit vermehrtem Auftreten von nutritiver Muskeldystrophie zu rechnen (MATHIS, 1982). Nach WALTNER-TOEWS ET AL. (1986) scheinen Stressfaktoren in den Betrieben die Morbiditäts- und Mortalitätsrate wesentlich zu beeinflussen, da zwischen Betrieben mit ähnlichem Selenstatus grosse Unterschiede bezüglich dieser Raten bestanden. Dies lässt auch für die Kälberpopulation im Einzugsgebiet der Klinik für Geburtshilfe, Jungtier- und Euterkrankheiten den Schluss zu, dass Tiere unter bestimmten bedarfssteigernden Umständen (z.B. hoher Gehalt an ungesättigten Fettsäuren im Futter, Vitamin E-Mangel, nicht tiergerechte Haltung, extreme Witterungsbedingungen) krankheitsanfälliger werden, was eine Selensupplementierung sinnvoll macht. Neuere Untersuchungen über den Selenstatus bei Kälbern in der Schweiz liegen unseres Wissens nicht vor.

Zusammenfassung

Von insgesamt 188 Kälberpatienten und von 64 gesunden Kontrollkälbern wurden von 1988-1990 Selenbestimmungen im Blutserum durchgeführt. Die Kontrollkälber wiesen mit 14.5 µg/l den tiefsten Mittelwert auf. Die Mittelwerte der nicht mit Selen vorbehandelten Patienten der drei Jahre betrugen 29.1, 27.5 bzw. 23.0 µg/l gegenüber 61.7, 88.7 bzw. 72.6 µg/l der behandelten Patienten. Zwischen den unbehandelten und den behandelten Gruppen sowie zwischen den Kontrollkälbern und den unbehandelten Kälbern des Jahres 1989 war der Unterschied statistisch signifikant (P<0.05). Zwischen verschiedenen Altersgruppen oder zwischen Kälbern mit unterschiedlichen Erkrankungen konnten keine signifikant unterschiedlichen Selenmittelwerte festgestellt werden. Ebenso bestand keine Beziehung zwischen der Selenkonzentration und der Veränderung der Blutparameter pH, Hämatokrit, Plasmaproteinkonzentration und Fibrinogenkonzentration.

Die in dieser Studie gemessenen tiefen Selenkonzentrationen bestätigen frühere Untersuchungen an Kühen und Kälbern in der Schweiz.

Literatur

- Anonym (1986): Stat View 512+, Feldman D.S., Gagnon J., Brain Power Inc., CA.

- Bostedt H., Jekel E., Schramel P. (1987): Bestimmungen von Selenkonzentrationen im Blutplasma neugeborener Kälber – ihre Bedeutung aus klinischer Sicht. Tierärztl. Prax. 15: 369-372.

- Braun U., Forrer R., Fürer W., Lutz H. (1991): Selenium and vitamin E in blood sera of cows from farms with increased incidence of disease. Vet. Rec. 128: 543-547.

- Conrad H.R., Moxon A.L. (1979): Transfer of dietary selenium to milk. J. Dairy Sci. 62: 404-411.

- Fisher D.D., Saxton S.W., Elliot R.D., Beatty J.M. (1995): Effects of selenium source on Se status of lactating cows. Vet. Clin. Nutr. 2: 68-74.

- Fleischer D.C. (1987): Selen- und Vitamin E-Gehalt im Blutserum von Kühen mit unterschiedlicher Fruchtbarkeit. Vet. med. Diss. Zürich.

- Forrer R., Gautschi K., Lutz H. (1991): Comparative determination of selenium in the serum of various animal species and humans by means of electrothermal atomic absorption spectrometry. J. Trace Elem. Electrolytes Health Dis. 5: 101-113.

- Gleed P.T., Allen W.M., Mallinson C.B., Rowlands G.J., Sansom B.F., Vagg M.J., Caswell R.D. (1983): Effects of selenium and copper supplementation on the growth of beef steers. Vet. Rec. 113: 388-392.

- Jukola E., Hakkarainen J., Saloniemi H., Sankari S. (1996): Blood selenium, vitamin E, vitamin A, and β-Carotene concentrations and udder health, fertility treatments, and fertility. J. Dairy Sci. 79: 838-845.

- Kessler J., Friesecke H., Kunz P. (1991): Selen-Vitamin E: Versorgung der Milchkuh während der Winterfütterung. Landw. Schweiz 4: 607-611.

- Kirchgessner M. (1986): Experimentelle Ergebnisse aus der ernährungsphysiologischen und metabolischen Spurenelementforschung. Tagungsbericht 27. Nov. 1986, ETH Zürich, Inst. f. Nutztierwissenschaften.

- Klawonn, W., Landfried K., Müller C., Kühl J., Salewski A., Hess R.G. (1996): Zum Einfluss von Selen auf Gesundheit und Stoffwechsel von Milchkühen. Tierärztl. Umschau 51: 411-417.

- Little W., Vagg M.J., Collis K.A., Shaw S.R., Gleed P.T. (1979): The effects of subcutaneous injections of sodium selenate on blood composition and milk yield in dairy cows. Res. Vet. Sci. 26: 193-197.

- Maas J., Peauroi J.R., Tonjes T., Karlonas J., Galey F.D., Han B. (1993): Intramuscular selenium administration in selenium-deficient cattle. J. Vet. Int. Med. 7: 342-348.

- Mathis A. (1982): Zur Selenversorgung des Rindviehs in der Schweiz: Untersuchungen auf Ammen– und Mutterkuhbetrieben. Vet. med. Diss. Zürich.

- Maus R.W., Martz F.A., Belyea R.L., Weiss M.F. (1980): Relationship of dietary selenium to selenium in plasma and milk from dairy cows. J. Dairy Sci. 63: 532-537.

- Nohl H. (1984): Biochemische Grundlagen Vitamin-E- und Selen-Mangel-bedingter Erkrankungen. Wien. tierärztl. Mschr. 71: 217-223.

- Scholz H. (1988): Selen-/Vitamin-E-Mangel – Realität auch in unseren Rinderpraxen? Prakt. Tierarzt 69, Coll. vet. XIX, 22-27.

- Scholz H. (1991): Selen-Vitamin-E: Bedeutung und Versorgung beim Kalb. Tierärztl. Umschau 46: 194-202.

- Stevens J.B., Olson W.G., Kraemer R., Archambeau J. (1985): Serum selenium concentrations and glutathione peroxidase activities in cattle grazing forages of various selenium concentrations. Am. J. Vet. Res. 46: 1556-1560.

- Stünzi H. (1989): Selenmangel? Untersuchungen zum Selenstatus des Wiesenfutters. Landw. Schweiz. 2: 437-441.

- Swecker W.S. (1997): Selenium and immune function in cattle. Comp. Cont. Educ. Pract. Vet. 19: S248-S255.

- Ullrey D.E. (1987): Biochemical and physiological indicators of selenium status in animals. J. Anim. Sci. 65: 1712-1726.

- Van Saun R.J. (1990): Rational approach to selenium supplementation essential. Feedstuffs 62: 15-17.

- Waltner-Toews D., Martin S.W., Meek A.H. (1986): Selenium content in the hair of newborn dairy heifer calves and its association with preweaning morbidity and mortality. Can. J. Vet. Res. 50: 347-350.

- Weiss W.P., Colenbrander V.F., Cunningham M.D., Callahan C.J. (1983): Selenium/vitamin E: Role in disease prevention and weight gain of neonatal calves. J. Dairy Sci. 66: 1101-1107.

- Weiss W.P., Hogan J.S., Smith K.L., Hoblet K.H. (1990): Relationships among selenium, vitamin E, and mammary gland health in commercial dairy herds. J. Dairy Sci. 73:381-390.

- Wikse S.E., Hancock D.D., Van Horn Ecret R., Krieger R.I. (1986): Lack of growth response in selenium deficient veal calves injected with selenium midway through fattening. Bovine Pract. 21: 91-94.

4. Chronische Indigestion

Einleitung

Das "Pansentrinken" als Folge einer Schlundrinnendysfunktion beim Milchkalb war in den letzten Jahren Gegenstand mehrerer Forschungsarbeiten (VAN BRUINESSEN-KAPSENBERG ET AL., 1982; BREUKINK ET AL., 1988; DIRR, 1988; VAN WEEREN ET AL., 1988; DIRR UND DIRKSEN, 1989; VAN WEEREN, 1989; DOLL, 1990; BETTINELLI, 1991; DIRKSEN UND BAUR, 1991; HÄNICHEN ET AL., 1992). Die Literatur wurde im Kapitel "Differentialdiagnosen" dieser Arbeit ausführlich besprochen. In der vorliegenden Arbeit wird für diesen Krankheitskomplex der Begriff „chronische Indigestion" verwendet, da bei diesen Patienten eine reduzierte Sauglust im Vordergrund steht. Die Milch kann nicht nur während des Trinkens in den Pansen gelangen, sondern auch durch einen Rückfluss aus dem Labmagen.

Während über die Auswirkungen der bakteriellen Spaltung der Milch im Pansen auf die Zusammensetzung des Vormageninhalts und damit auch auf die Vormagen- und Darmschleimhaut detaillierte Kenntnisse vorliegen, wurde den Störungen des Säuren-Basen-Haushalts bisher nur wenig Beachtung geschenkt. Untersuchungen an der Klinik für Geburtshilfe, Jungtier- und Euterkrankheiten zeigten, dass die metabolische Azidose eine wesentliche Komponente des Syndroms der chronischen Indigestion darstellt. Über die Ursachen der metabolischen Azidose ist zur Zeit aber noch wenig bekannt. Aufgrund der Säurenbildung im Pansen ist die Möglichkeit einer Additionsazidose naheliegend, z.B. durch Absorption von Laktat. Aber auch eine Azidose durch einen Verlust von HCO_3^--Ionen in den Magen-Darm-Kanal wäre denkbar.

Um Aufschluss über die Ursachen der metabolischen Azidose bei der chronischen Indigestion zu erhalten, wurde der Säuren-Basen-Haushalt solcher Patienten mit zwei verschiedenen Verfahren untersucht, einerseits durch die Berechnung der Anionenlücke und andererseits durch die Aufteilung des Basenexzesses in vier Komponenten gemäss untenstehender Beschreibung.

Die Ursachen einer metabolischen Azidose lassen sich mittels Berechnung der Anionenlücke differenzieren (GEORGE, 1986; DI BARTOLA, 1992A; HALPERIN UND GOLDSTEIN, 1994) und in zwei Gruppen einteilen, und zwar in solche mit einer unveränderten oder verkleinerten Anionenlücke (hyperchlorämische metabolische Azidose) und solche mit einer vergrösserten Anionenlücke (normochlorämische metabolische Azidose) (MALLEY, 1990). Nach HARTMANN ET AL. (1997) lassen sich metabolische Azidosen mit einer unveränderten oder verkleinerten Anionenlücke weiter in Subtraktionsazidosen (Verlust an HCO_3^- -

Ionen, z. B. im Darm) und Verteilungsazidosen (Verdünnungsazidose, hyperkaliämische Azidose) und solche mit einer vergrösserten Anionenlücke in Additionsazidosen (Laktatazidose, Ketoazidose, Hungerazidose) und Retentionsazidosen (mangelhafte renale Ausscheidung nichtflüchtiger Säuren) differenzieren (Abbildung 1). Die Anionenlücke stellt die Differenz zwischen den üblicherweise gemessenen Kationen (Na^+ + K^+) und den üblicherweise gemessenen Anionen (Cl^- + HCO_3^-) im Blutplasma dar. Normalerweise wird die Anionenlücke durch die negativen Ladungen von Sulfaten, Phosphaten, Plasmaproteinen und organischen Anionen (z.B. Laktat, Zitrat) bestimmt (DI BARTOLA, 1992A). Bei einer durch organische Säuren bedingten Azidose wird HCO_3^- titriert durch H^+. Theoretisch sinkt die HCO_3^--Konzentration in der Extrazellulärflüssigkeit reziprok zur Zunahme der Konzentration der organischen Anionen ab, während die Chloridkonzentration im Serum unverändert bleibt (DI BARTOLA, 1992B). Die Anionenlücke aber wird grösser (normochlorämische metabolische Azidose).

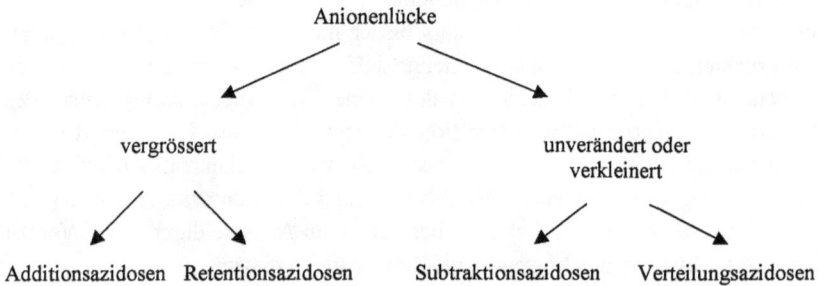

Anionenlücke

vergrössert

unverändert oder
verkleinert

Additionsazidosen Retentionsazidosen   Subtraktionsazidosen   Verteilungsazidosen

Abbildung 1: Einteilung der metabolischen Azidosen aufgrund der Anionenlücke nach HARTMANN ET AL. (1997)

Für die Interpretation von komplexen Säuren-Basen-Störungen ist die Anionenlücke jedoch gemäss verschiedenen Autoren nur bedingt geeignet (DI NUBILE, 1988; LEITH, 1991; WHITEHAIR ET AL., 1995). So fällt die Berechnung der Anionenlücke z.b. beim Vorliegen einer Hypoproteinämie zu tief aus. Zudem lässt sich nicht bei allen Patienten mit einer vergrösserten Anionenlücke eine durch organische Säuren bedingte Azidose nachweisen (GABOW ET AL., 1980). Andererseits gibt es Patienten mit einer klassischen Ketoazidose oder mit einer Laktatazidose ohne vergrösserte Anionenlücke (ADROGUÉ ET AL., 1982; IBERTI ET AL., 1990). Daher wurde in der vorliegenden Untersuchung der Säuren-Basen-Haushalt in einem zweiten Schritt analog zu WHITEHAIR ET AL. (1995) gemäss den Formeln von Fencl, die auf den Prinzipien von Stewart beruhen, eingehender analysiert (STEWART, 1983; FENCL UND ROSSING, 1989; LEITH, 1991). Dieses Konzept berücksichtigt den Einfluss der Konzentrationen von Natrium und Chlorid im Serum und der Plasmaproteinkonzentration auf den Säuren-Basen-Status. Eine Azidose kann ausser durch unidentifizierte Anionen auch durch eine Hyponatriämie, Hyperchlorämie oder Hyperproteinämie verursacht werden. Veränderungen dieser Variablen in die entgegengesetzte Richtung (Hypernatriämie, Hypochlorämie, bzw. Hypoproteinämie) haben eine Alkalose zur Folge (WHITEHAIR ET AL., 1995).

Zur Beurteilung des Säuren-Basen-Status wird üblicherweise die Gleichung von Henderson und Hasselbalch verwendet. Diese Gleichung berücksichtigt aber nur einige wenige Variablen des Systems wie pH, pCO_2 und $[HCO_3^-]$. Stewart hingegen berücksichtigte weitere Variablen und unterteilte diese in unabhängige und abhängige (STEWART, 1983). Unabhängige Variablen sind der pCO_2, "strong ion difference" (SID = Differenz zwischen der Summe der Konzentrationen aller starken Kationen und der Summe der Konzentrationen aller starken Anionen) und die Gesamtkonzentration der nicht-flüchtigen schwachen Säuren im Plasma, vor allem Plasmaproteine. Abhängige Variablen sind $[HCO_3^-]$, $[HA]$, $[A^-]$, $[CO_3^{2-}]$, $[OH^-]$ und $[H^+]$ (oder pH) (STEWART, 1983; FENCL UND ROSSING, 1989; LEITH, 1991; FENCL UND LEITH, 1993). Die unabhängigen Variablen eines Systems werden von aussen verändert, die abhängigen hingegen können nicht primär ver-ändert werden, d.h. sie ändern sich nur, wenn eine oder mehrere der unabhängigen Variablen verändert werden. Dies bedeutet, dass bei nicht-respiratorischen (metabolischen) Säuren-Basen-Störungen der pH-Wert des Blutes von den unabhängigen Variablen SID und den nicht-flüchtigen schwachen Säuren abhängt (FENCL UND LEITH, 1993; WHITEHAIR ET AL., 1995). Wenn keine unidentifizierten Anionen vorliegen, entspricht die SID ungefähr der Differenz $[Na^+]$ - $[Cl^-]$ (LEITH, 1991, WHITEHAIR ET AL., 1995). Der Basenexzess (BE) charakterisiert den nicht-respiratorischen Säuren-Basen-Status. Er ist abhängig von den zwei unabhängigen Variablen SID und Plasmaprotein (LEITH, 1991). Der Basenexzess kann durch vier Komponenten beeinflusst werden: freies Wasser (mit $[Na^+]$ als Mass), $[Cl^-]$, Plasmaprotein und unidentifizierte Anionen (LEITH, 1991). Durch die Anwendung der Gleichungen von Fencl lässt sich der bei der Blutgasanalyse ermittelte Basenexzess (BE_{net}) in vier Komponenten aufteilen (vgl. Material und Methoden). Die Veränderung des BE_{net} durch Veränderung des Gehalts an freiem Wasser (BE_{fw}) steht im Zusammenhang mit der $[Na^+]$ im Plasma. Ein Defizit an freiem Wasser führt zu einem Anstieg der Natriumkonzentration und zu einer Konzentrationsalkalose (positiver BE_{fw}), während ein Übermass an freiem Wasser zu einer Abnahme der Natriumkonzentration und zu einer Verdünnungsazidose (negativer BE_{fw}) führt (WHITEHAIR ET AL., 1995). Eine Veränderung des Gehalts an freiem Wasser beeinflusst auch die Chloridkonzentration im Serum. Daher muss das gemessene Chlorid mit einer Formel korrigiert werden. Mit der korrigierten Chloridkonzentration kann bestimmt werden, ob eine Veränderung des BE_{net} , bedingt durch eine Veränderung der Chloridkonzentration (BE_{cl}), vorliegt. Eine weitere Formel wird gebraucht, um eine Veränderung des BE_{net} durch eine Veränderung der Plasmaproteinkonzentration (BE_{tp}) zu berechnen (WHITEHAIR ET AL., 1995). Die Basenexzesskomponente, die durch unidentifizierte Anionen (BE_{ua}) verursacht wird, wird als Differenz zwischen BE_{net} und der Summe der Basenexzesskomponenten der drei anderen Faktoren berechnet. Der Vorteil dieser Methode liegt darin, dass sich überlagernde Effekte bei gemischten metabolischen Störungen, wie etwa einer Azidose durch unidentifizierte Anionen und einer Alkalose durch eine Hypoproteinämie, erkannt werden können.

Ziel der vorliegenden Arbeit war es, neben klinischen Befunden auch Resultate der hämatologischen und blutchemischen Untersuchungen, besonders jene der Blutgasanalyse, darzulegen und zu diskutieren und die Ursachen der metabolischen Azidose bei Kälbern mit einer chronischen Indigestion zu differenzieren. Letzteres Ziel sollte zur Klärung der Pathogenese beitragen. Die Ergebnisse dieser Untersuchungen wurden bereits publiziert (STOCKER ET AL., 1999A; STOCKER ET AL., 1999B).

Tiere, Material und Methoden

Die Untersuchungen erstreckten sich auf 59 Kälber im Alter von 6 Tagen bis zu drei Monaten (Median = 29 Tage), die zwischen Juni 1989 und Januar 1997 an die Klinik für Geburtshilfe, Jungtier- und Euterkrankheiten überwiesen wurden. Es handelte sich um 44 weibliche und um 15 männliche Kälber. Fünfzig Kälber gehörten der Rasse Schweizer Braunvieh, acht dem Schweizer Fleckvieh und eines der Rasse Schweizer Holstein an. Einlieferungsgrund war bei den meisten Patienten ein reduziertes Allgemeinbefinden und eine gestörte Sauglust.

Vorberichte

Zur Vorgeschichte wurden folgende Parameter erhoben: Krankheitsdauer, allfällige frühere Erkrankungen, Trinkverhalten in den ersten Lebenstagen, Tränkeart und allfällige Zufütterung von Rauhfutter. Zudem wurde notiert, ob es sich um einen Einzelfall oder um ein Bestandesproblem handelte.

Klinische Untersuchung

Beim Klinikeintritt wurde eine vollständige klinische Untersuchung gemäss BERCHTOLD ET AL. (1990) durchgeführt. Zusätzlich wurde mit einer Schlundsonde Pansensaft gewonnen. Die Untersuchung des Pansensaftes erfolgte grobsinnlich (Farbe, Geruch, Konsistenz, Beimengungen) und mit einem Teststreifen (Merck, Art. 9526) zur Bestimmung des pH-Wertes. Die Hautelastizität wurde als erhalten, gering-, mittel- oder hochgradig vermindert bezeichnet, entsprechend einem Flüssigkeitsverlust von weniger als 4%, 4-6%, 7-9% bzw. 10% des Körpergewichtes oder mehr.

Hämatologische und blutchemische Untersuchungen

Folgende Untersuchungen wurden durchgeführt: Bestimmung der Erythrozyten- und Leukozytenzahlen, des Hämatokrits und der Hämoglobinkonzentration, Beurteilung des roten Blutbildes, Leukozyten-differenzierung, Bestimmung der Konzentrationen von Plasmaprotein, Fibrinogen, Harnstoff, Kreatinin, Natrium, Kalium und Chlorid sowie der Aktivitäten der Glutamat-Dehydrogenase (GLDH) und der Gamma-Glutamyltransferase (GGT). Aus einer venösen Blutprobe wurden mittels eines Blutgasanalysators (ABL 500 Radiometer) die Parameter pH, pO_2, pCO_2 und HCO_3^- bestimmt.

Die Erythrozyten- und Leukozytenzahl und die Bestimmung der Hämoglobinkonzentration wurden unter Routinebedingungen, Substrate und Enzymkonzentrationen mittels eines Cobas-Mira-Gerätes (Hoffmann-La Roche, Diagnostica AG, Basel) unter Verwendung von Reagenzien von Hoffmann-La Roche nach Empfehlungen der "International Federation of Clinical Chemists" bestimmt. Die Fibrinogenbestimmung erfolgte mit der Hitzepräzipitations-methode (SCHALM ET AL., 1975).

Als Referenzwerte wurden die Resultate von Bestimmungen an 27 (Blutgasanalyse 20) gesunden Mastkälbern im Alter von 4-8 Wochen aus dem Labor des Departementes für Innere Veterinärmedizin der Veterinärmedi-zinischen Fakultät der Universität Zürich verwendet (SICHER ET AL., IN

BEARBEITUNG).

Bei 50 Patienten wurde die Anionenlücke (anion gap) nach folgender Formel berechnet (GEORGE, 1986): Anionenlücke (mEq/l) = ($[Na^+]$ + $[K^+]$) - ($[Cl^-]$ + $[HCO_3^-]$). Bei diesen Tieren erfolgte eine weitergehende Analyse des Säuren-Basen-Haushalts wie sie durch WHITEHAIR ET AL. (1995) aufgrund von Formeln nach Fencl bei verschiedenen Tierarten durchgeführt wurde (STEWART, 1983; FENCL UND ROSSING, 1989; LEITH, 1991). Gemäss dieser Methode wurde der Basenexzess in vier Komponenten aufgeteilt, welche nach folgenden Formeln berechnet wurden:

$$BE_{fw} = 0.3 \times ([Na^+]_{gemessen} - [Na^+]_{normal})$$

$$BE_{cl} = [Cl^-]_{normal} - [Cl^-]_{korrigiert}{}^*$$

$$BE_{tp} = 3 \times ([TP]_{normal} - [TP]_{gemessen})$$

$$BE_{ua} = BE_{net} - (BE_{fw} + BE_{cl} + BE_{tp})$$

$$BE_{net} = BE_{fw} + BE_{cl} + BE_{tp} + BE_{ua}$$

BE_{net} = bei der Blutgasanalyse ermittelter Basenexzess

BE_{fw}, BE_{cl}, BE_{tp}, BE_{ua} = Veränderungen des Basenexzesses verursacht durch die Abweichung der Konzentration von freiem Wasser, Chlorid, Totalprotein (Plasmaprotein) oder unidentifizierten Anionen.

* $[Cl^-]_{korrigiert} = [Cl^-]_{gemessen} \times ([Na^+]_{normal}/[Na^+]_{gemessen})$

Als Normalwerte für diese Berechnungen wurden die Medianwerte von Referenzwertbestimmungen verwendet (SICHER ET AL., IN BEARBEITUNG). Die Medianwerte (10%- und 90%-Quantile) waren: Natrium 142 (140-145) mEq/l, Chlorid 102 (97-108) mEq/l, Plasmaprotein 6.0 (5.4-6.3) g/dl, BE_{net} 3.4 (-0.3-5.7) mEq/l, Anionenlücke 17.2 (13.8-23.8) mEq/l.

Aufgrund der beiden Basenexzesskomponenten BE_{cl} und BE_{ua} wurden 50 Kälber in drei Gruppen eingeteilt (Tabelle 1).

Tabelle 1: Basenexzess$_{cl}$ und Basenexzess$_{ua}$ in drei Gruppen von Kälbern mit chronischer Indigestion

Gruppe	n	BE$_{cl}$ (mEq/l)	BE$_{ua}$ (mEq/l)
1	17	< 0	≥ 0
2	9	≥ 0	< 0
3	24	< 0	< 0
Total	50		

Therapie

Je nach Schweregrad der Erkrankung kamen unterschiedliche Kombinationen der folgenden therapeutischen Massnahmen zum Einsatz: Dauertropfinfusion einer 5%igen Natriumbikarbonat-Lösung und einer isotonischen Kochsalz-Glukose-Lösung, Metoclopramid (Metoclopramid, Streuli), Antibiotika, Vitamine (Aqua-Vit, Stricker; Becotal, Streuli; Selen-E Vetag, Veterinaria), Antiphlogistika, Pansensaft einer gesunden Kuh (0.5-l L/Kalb, 1 x tägl.), Vitamin-Mineralsalz-Konzentrat (Totalin, Stricker) *per os*. Bei drei Kälbern enthielt der Pansen mehrere Liter Flüssigkeit, welche über eine Schlundsonde abgesaugt wurden. Die Tränke bestand in den ersten zwei Tagen des Klinikaufenthaltes aus einer oralen Rehydratationslösung mit Elektrolyten, Glukose, Glyzin und Natriumbikarbonat. Ab dem dritten Tag erhielten die Kälber wieder Milch, aber nur 1-2 Liter pro Mahlzeit, 3-4 mal täglich. Den Patienten wurde die Tränke aus der Flasche (n=41) oder aus dem Eimer mit einem Sauger (n=18) angeboten.

Pathologisch-anatomische Untersuchungen

Kälber mit ungünstigem Krankheitsverlauf wurden euthanasiert und dem Institut für Veterinärpathologie der Universität Zürich zur Sektion überwiesen.

Statistische Auswertung

Für die statistische Auswertung wurde das Kalkulationsprogramm Statistix® für Windows (ANONYM, 1996) verwendet. Der Vergleich relevanter Parameter zwischen stehfähigen und festliegenden Tieren erfolgte mittels Mann-

Whitney U Test. Häufigkeiten wurden bezüglich signifikanter Abweichungen mittels Chi-Quadrat-Test geprüft. Gemessene und berechnete Parameter der Blutgasanalyse der drei Gruppen (Tabelle 1) wurden mittels Kruskal-Wallis-Test miteinander verglichen. Unterschiede wurden als signifikant betrachtet bei $P<0.05$.

Zur Prüfung der Beziehung zwischen Anionenlücke und Basenexzess$_{ua}$ bei 50 Tieren sowie zwischen Anionenlücke und Bikarbonatkonzentration ($[HCO_3^-]$) im Blut von 26 Tieren mit vergrösserter Anionenlücke (> 23.8 mEq/l) wurde eine einfache lineare Regressionsanalyse durchgeführt. Diese Methode kam auch zur Prüfung der Beziehung zwischen dem Alter der Patienten und verschiedenen Blutparametern zur Anwendung.

Resultate

Vorberichte

Der Medianwert der Krankheitsdauer bis zum Klinikeintritt betrug acht Tage. Ein Kalb war laut Besitzer erst am Tag vor der Einweisung erkrankt. Die längste anamnestisch angegebene Krankheitsdauer betrug 50 Tage. Vierunddreissig Tiere wurden durch den Besitzer zweimal täglich mit einem Eimer ohne Sauger getränkt (Tabelle 2). Acht Kälber erhielten laut Vorbericht die Tränke über einen Sauger aus dem Eimer oder aus einer Flasche angeboten. Acht Kälber (13%) wiesen in der Neugeborenenphase eine Trinkschwäche auf. Drei dieser Tiere erhielten die Milch während mehreren Tagen über eine Schlundsonde, da sie freiwillig keine Milch aufnahmen. Bei 14 Tieren konnte keine verlässliche Anamnese bezüglich Tränkeverabreichung erhoben werden.

Tabelle 2: Art der Tränkeverabreichung vor der Klinikeinweisung bei 59 Kälbern mit chronischer Indigestion

Tränkeart	Anzahl Kälber (%)
Eimer ohne Sauger	34 (58)
Eimer mit Sauger	5 (8)
Flasche mit Sauger	3 (5)
Schlundsonde	3 (5)
Nicht eruierbar	14 (24)
Total	59 (100)

Zehn Tiere (17%) hatten eine Anamnese einer Durchfallerkrankung, einer Bronchopneumonie oder einer Nabelentzündung.

Einundzwanzig Kälber (36%) nahmen laut Angaben der Besitzer ausser Milch bereits etwas Rauhfutter auf. Diese Patienten waren beim Klinikeintritt älter (Medianwert = 44 Tage) als jene Kälber, die ausschliesslich Milch aufnahmen (Medianwert = 28 Tage). In vierzehn Herkunftsbetrieben (24%) stellte die chronische Indigestion ein Bestandesproblem dar.

Klinische Untersuchung

Die Resultate der klinischen Untersuchung sind in Tabelle 3 wiedergegeben. Der Allgemeinzustand war bei 57 Patienten (97%) gestört. Zweiunddreissig Kälber (54%) lagen fest und sieben davon waren stuporös (Abbildung 2). Anorexie und reduzierte Sauglust wurden in 17 (29%) bzw. 42 (71%) Fällen beobachtet. Je 47 Tiere (80%) waren gering- bis hochgradig exsikkotisch oder hatten ein mattes, struppiges oder mit Schuppen durchsetztes Haarkleid. Ein ungenügender Ernährungszustand und eine disseminierte, multifokale Alopezie wurde bei je 36 Kälbern (61%) festgestellt. Die Schwingauskultation am Abdomen ergab bei 31 Tieren (53%) plätschernde Geräusche und in sechs Fällen (10%) war der Pansen tympanisch. Der Pansensaft roch mit zwei Ausnahmen säuerlich und enthielt bei 33 Kälbern (56%) vergorene Milch. Der pH des Pansensaftes lag in 55 Fällen (93%) unter 6 (Medianwert = 4.5). Die Kotkonsistenz war bei 54 (91%) Tieren verändert, in 33 Fällen (56%)

war der Kot lehmartig. Die wichtigsten Symptome sind nach der Häufigkeit ihres Auftretens in Tabelle 4 zusammengestellt.

Abbildung 2: Festliegendes Kalb mit chronischer Indigestion. Das Kalb ist apathisch und hat eine disseminierte Alopezie

Tabelle 3: Resultate der klinischen Untersuchung von 59 Kälbern mit chronischer Indigestion

Parameter	Befund	Anzahl Kälber (%)
Allgemeinzustand	ungestört	2 (3)
	geringgradig gestört	17 (29)
	mittel- bis hochgradig gestört	40 (68)
	[davon stuporös]	[7] (12)
Festliegen	ja	32 (54)
	nein	27 (46)
Ernährungszustand	normal	23 (39)
	mager	34 (58)
	kachektisch	2 (3)
Haarkleid	unverändert	12 (20)
	matt, struppig	33 (56)
	schuppig	14 (24)
Alopezie	vorhanden	36 (61)
	nicht vorhanden	23 (39)
Hautelastizität	erhalten	12 (20)
	geringgradig vermindert	15 (26)
	mittelgradig vermindert	26 (44)
	hochgradig vermindert	6 (10)
Rektaltemperatur[1]	normal (38.5-39.5 °C)	30 (51)
	erhöht (>39.5 °C)	17 (29)
	erniedrigt (<38.5 °C)	12 (20)
Herzfrequenz[1]	normal (72-92/ Min.)	17 (29)
	erhöht (>92/Min.)	40 (68)
	erniedrigt (<72/ Min.)	2 (3)
Atemfrequenz[1]	normal (20-40/Min.)	48 (81)
	erhöht (>40/Min.)	4 (7)
	erniedrigt (<20/Min.)	7 (12)
Schleimhäute	rosa	30 (51)
	blass	17 (29)
	gerötet	12 (20)
Sauglust	geringgradig reduziert	21 (35)
	mittelgradig reduziert	14 (24)
	hochgradig reduziert	7 (12)
	fehlend	17 (29)
Schwingauskultation	negativ	28 (47)
	positiv	31 (53)
Pansentympanie	vorhanden	6 (10)
	nicht vorhanden	53 (90)
Milch im Pansensaft	nicht vorhanden	4 (7)
	unvergorene Milch	4 (7)
	vergorene Milch	33 (56)
	keine Angaben	18 (30)
Geruch des Pansensaftes	fade	1 (2)
	säuerlich	57 (96)
	faulig	1 (2)
pH des Pansensaftes	>5	5 (9)
	5	19 (32)
	4-5	12 (20)
	4	20 (34)
	<4	3 (5)
Kotkonsistenz	normal	5 (9)
	lehmig	33 (56)
	breiig	11 (18)
	wässrig	6 (10)
	schleimig	4 (7)

[1] Referenzwerte aus JAKSCH UND GLAWISCHNIG (1981)

Tabelle 4: Charakteristische Symptome bei 59 Kälbern mit chronischer Indigestion

Symptom	Anzahl Kälber (%)
Reduzierte Sauglust	59 (100)
Gestörtes Allgemeinbefinden	57 (97)
Pansensaft-pH < 6	55 (93)
Exsikkose	47 (80)
Mattes, schuppiges Haarkleid	47 (80)
Alopezie	36 (61)
Schlechter Nährzustand	36 (61)
Lehmartiger Kot	33 (56)
Festliegen	32 (54)

Hämatologische und blutchemische Untersuchungen

Die Resultate der hämatologischen und blutchemischen Untersuchungen sind in Tabelle 5 dargestellt. Ein erhöhter Hämatokrit und eine Leukozytose lagen bei 45% bzw. 54% der Kälber vor. Der Anteil der segmentkernigen neutrophilen Granulozyten und die Harnstoffkonzentration lagen bei 75% der Tiere über dem Referenzbereich. Die Fibrinogen- und die Chloridkonzentration waren in 67% bzw. 58% der Fälle erhöht. Die Natriumkonzentration im Serum war bei 26% der Kälber erniedrigt und bei 18% der Kälber erhöht. Je 24% der Tiere hatten eine erniedrigte bzw. erhöhte Plasmaproteinkonzentration. Die Aktivität der GLDH lag bei 37% und jene der GGT bei 56% der Patienten über dem Referenzbereich. Die lineare Regressionsanalyse ergab eine signifikante lineare Abhängigkeit zwischen dem Alter der Tiere und der Harnstoffkonzentration sowie der GGT-Aktivität. Jüngere Tiere hatten höhere Harnstoffkonzentrationen und höhere GGT-Aktivitäten.

Die Blutgasanalyse ergab bei allen Kälbern eine metabolische Azidose (Tabelle 6). Sämtliche Werte der Parameter pH, $[HCO_3^-]$ und Basenexzess lagen unterhalb des Referenzbereichs und die Medianwerte dieser Parameter lagen deutlich im azidotischen Bereich (7.17, 11.5 mEq/l bzw. -15.2 mEq/l). Auch die pCO_2-Werte lagen mit Ausnahme von drei Kälbern unterhalb des Referenzbereichs.

Tabelle 5: Resultate der hämatologischen und blutchemischen Untersuchungen bei Kälbern mit chronischer Indigestion sowie Anteile der Werte im, unter und über dem Referenzbereich

Parameter (Einheit)	n	Medianwert (Min., Max.)	Referenzbereich[1]	Anzahl Werte im Referenzbereich (%)	Anzahl Werte unter dem Referenzbereich (%)	Anzahl Werte über dem Referenzbereich (%)
Hämatokrit (%)	53	36 (17, 50)	19 – 36	27 (51)	2 (4)	24 (45)
Leukozytenzahl ($10^3/\mu l$)	52	12.6 (3.9, 34.5)	4 – 12	23 (44)	1 (2)	28 (54)
Segmentkernige neutrophile Granulozyten (%)	51	67 (6, 93)	26 – 51	11 (21)	2 (4)	38 (75)
Hämoglobin (g/dl)	52	11.0 (4.6, 14.8)	5.7 – 10.9	24 (46)	2 (4)	26 (50)
Erythrozyten ($10^6/\mu l$)	52	9.67 (4.97, 14.11)	7 – 10	23 (44)	6 (12)	23 (44)
Plasmaprotein (g/l)	51	58 (42, 76)	54 – 63	27 (52)	12 (24)	12 (24)
Fibrinogen (g/l)	51	9 (4, 22)	2 - 8	17 (33)	0 (0)	34 (67)
Harnstoff (mmol/l)	53	7.3 (4.0, 45.3)	2.3 – 5.7	13 (25)	0 (0)	40 (75)
Kreatinin ($\mu mol/l$)	51	127 (73, 530)	85 - 147	30 (59)	4 (8)	17 (33)
GLDH (U/l)	51	18.2 (2.8, 394.0)	5.1 - 26.5	27 (53)	5 (10)	19 (37)
GGT (U/l)	53	26 (7, 206)	12 - 23	20 (38)	3 (6)	30 (56)
Natrium (mmol/l)	54	142 (125, 160)	140 - 145	30 (56)	14 (26)	10 (18)
Kalium (mmol/l)	53	4.6 (3.2, 8.1)	4.5 - 5.3	40 (75)	2 (4)	11 (21)
Chlorid (mmol/l)	53	111 (95, 123)	97 - 108	21 (40)	1 (2)	31 (58)

[1] 10% - 90% - Quantil von 27 gesunden Kälbern (SICHER ET AL., IN BEARBEITUNG)

Tabelle 6: pH, pCO$_2$, [HCO$_3^-$] und Basenexzess im venösen Blut bei 59 Kälbern mit chronischer Indigestion sowie Anteile der Werte im, unter und über dem Referenzbereich

Parameter (Einheit)	Medianwert (Min., Max.)	Referenzbereich[1]	Anzahl Werte im Referenzbereich (%)	Anzahl Werte unter dem Referenz- bereich (%)	Anzahl Werte über dem Referenz- bereich
pH	7.17 (6.87, 7.32)	7.34-7.38	0	59 (100)	0
pCO$_2$ (mm Hg)	33.8 (21.5, 53.4)	47-56	3 (5)	56 (95)	0
[HCO$_3^-$] (mEq/l)	11.5 (5.3, 22.9)	24.0-30.2	0	59 (100)	0
Basenexzess (mEq/l)	-15.2 (-2.4, -24.5)	-0.3- 5.7	0	59 (100)	0

[1] 10% - 90% - Quantil von 20 gesunden Kälbern (SICHER ET AL., IN BEARBEITUNG)

128

Anionenlücke

Die Berechnung der Anionenlücke bei 50 Kälbern ergab einen Medianwert von 24.3 mEq/l mit einem Minimum von 0.4 und einem Maximum von 52.5 mEq/l (Tabelle 7). Bei 19 Kälbern (38%) lag die Anionenlücke im Referenzbereich von 13.8-23.8 mEq/l, bei fünf Kälbern (10%) lag sie unter und bei 26 Kälbern (52%) über dem Referenzbereich. In 38 Fällen (76%) lag die Anionenlücke über dem Referenzmedianwert von 17.2 mEq/l.

Bei den Kälbern mit einer Anionenlücke über dem Referenzbereich lag der Medianwert der Chloridkonzentration im Serum im Referenzbereich (normochlorämische metabolische Azidose), bei den Patienten mit normaler oder verkleinerter Anionenlücke lag der Medianwert der Chloridkonzentration über dem Referenzbereich (hyperchlorämische metabolische Azidose).

In der Gruppe mit vergrösserter Anionenlücke war der Anstieg der Anionenlücke gegenüber dem Referenzmedianwert mit 14.1 mEq/l (31.3 − 17.2 mEq/l) weniger hoch als der Abfall der [HCO_3^-] mit 18.2 mEq/l (28.0 − 9.8 mEq/l; Referenzmedianwert der [HCO_3^-] = 28.0 mEq/l).

Grafik 1 zeigt, dass keine klare Beziehung zwischen dem Absinken der [HCO_3^-] und dem Anstieg der Anionenlücke bestand. Die einfache lineare Regressionsanalyse ergab: Y (Anionenlücke; mEq/l) = 33.345 − 0.0924 X ([HCO_3^-]; mEq/l); R^2 =0.0021; P = 0.8259; n = 26.

Tabelle 7: Konzentrationen von Chlorid im Serum und Plasma-Bikarbonat (Medianwerte, Minima, Maxima) bei Kälbern mit chronischer Indigestion und normaler, vergrösserter oder verkleinerter Anionenlücke (mEq/l)

Gruppe	n	Anionenlücke	[Cl⁻]	[HCO₃⁻]
normal[a]	19	17.9 (13.8, 22.6)	115 (97, 122)[d]	12.7 (6.0, 22.9)[d]
vergrössert[b]	26	31.3 (24.2, 52.5)	106 (95, 123)[e]	9.8 (5.3, 18.5)[e]
verkleinert[c]	5	6.4 (0.4, 13.1)	119 (113, 123)[d]	15.6 (13.5, 17.4)[d]
Total	50	24.3 (0.4, 52.5)	110.5 (95, 123)	11.5 (5.3, 22.9)

[a] 13.8 - 23.8 mEq/l
[b] > 23.8 mEq/l (= 90%-Quantile der Referenzwertbestimmung)
[c] < 13.8 mEq/l (= 10%-Quantile der Referenzwertbestimmung)
[d,e] Werte mit verschiedenen Indizes in derselben Kolonne unterscheiden sich signifikant (P<0.05)

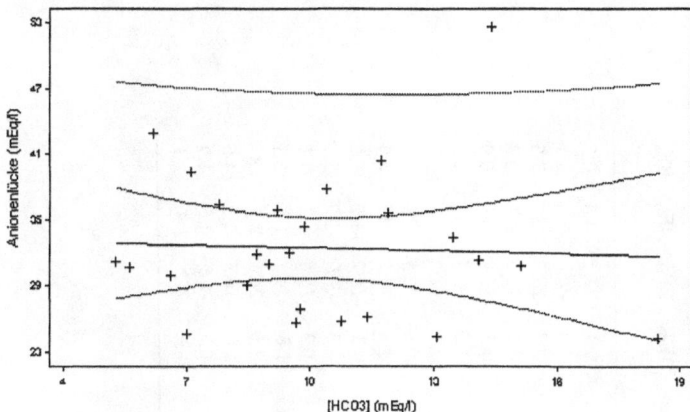

Grafik 1: Beziehung zwischen Anionenlücke und [HCO₃⁻] im Blut von 26 Kälbern mit chronischer Indigestion und einer metabolischen Azidose mit vergrösserter Anionenlücke (> 23.8 mEq/l). Die gerade Linie stellt die Regressionsgerade dar: Y (Anionenlücke; mEq/l) = 33.345 − 0.0924 X ([HCO₃⁻]; mEq/l); R^2 =0.0021; P = 0.8259; n = 26. Die zwei Linien nahe der Regressionsgeraden stellen das 95% Vertrauensintervall und der Bereich unterhalb der obersten Linie stellt das 95% prädiktive Intervall für die Regressionsgerade dar

Säuren-Basen-Berechnungen nach Fencl

Die Aufgliederung des Basenexzesses in vier Komponenten zeigte, dass die negativen Werte in den meisten Fällen hauptsächlich durch eine Hyperchlorämie (negativer BE_{cl}) und/oder durch unidentifizierte Anionen im Blutplasma (negativer BE_{ua}) bedingt waren. Die Kälber wurden daher aufgrund dieser zwei Variablen in drei Gruppen eingeteilt (Tabelle 1). Die grösste Gruppe (Gruppe 3) umfasste jene Kälber, die sowohl eine hyperchlorämische metabolische Azidose (BE_{cl} <0) als auch eine Azidose, die durch unidentifizierte Anionen (BE_{ua} <0) verursacht wurde, aufwiesen.

Die Resultate verschiedener Blutparameter sowie die berechneten Werte der verschiedenen Komponenten des Basenexzesses der drei Gruppen (Tabelle 1) nach Fencl sind in den Tabellen 8a-8c dargestellt. Zahlen in Kolonnen von besonderem Interesse sind kursiv gedruckt.

131

Tabelle 8a: Resultate der Säuren-Basen-Berechnungen nach Fencl (Gruppe 1: $BE_{cl} < 0$, $BE_{ua} \geq 0$; n=17)

Tier-Nr.	pH	pCO$_2$	[HCO$_3$]	BE$_{net}$	Hämatokrit	Plasma-protein	[Na$^+$]	[K$^+$]	[Cl$^-$]	Anionen-lücke	BE$_{rw}$	BE$_{cl}$	BE$_{tp}$	BE$_{ua}$
219/90	7.04	36.1	9.6	-19.5	33	7.6	143	4.5	118	19.9	0.3	-15.2	-4.8	0.2
706/95	7.10	43.0	12.5	-15.2	49	7.3	125	8.1	98	22.6	-5.1	-9.3	-3.9	3.1
91/90	7.10	44.4	13.5	-14.8	36	5.0	135	3.9	119	6.4	-2.1	-23.2	3	7.5
571/92	7.12	38.1	11.5	-15.8	17	5.6	136	4.5	113	16.0	-1.8	-16.0	1.2	0.8
7/91	7.17	39.2	14.1	-12.9	31	6.3	143	5.6	116	18.5	0.3	-13.2	-0.9	0.9
493/90	7.19	25.0	9.4	-16.5	41	6.0	137	4.4	115	17.0	-1.5	-17.2	0	2.2
51/91	7.20	33.8	12.7	-13.6	38	6.0	143	4.9	117	18.2	0.3	-14.2	0	0.3
26/91	7.20	39.9	15.6	-11.4	35	5.6	140	3.7	123	5.1	-0.6	-22.8	1.2	10.8
38/90	7.21	35.4	14.0	-12.3	38	5.0	134	4.1	113	11.1	-2.4	-17.7	3	4.8
461/90	7.23	26.9	11.0	-14.1	37	6.4	143	4.3	119	17.3	0.3	-16.2	-1.2	3.0
711/95	7.25	53.4	22.1	-3.5	46	6.9	131	5.5	97	17.4	-3.3	-3.1	-2.7	5.6
129/92	7.26	42.8	18.2	-6.8	23	5.6	141	4.7	112	15.5	-0.3	-10.8	1.2	3.1
96/91	7.27	38.3	17.4	-8.2	47	5.4	148	3.5	121	13.1	1.8	-14.1	1.8	2.3
357/90	7.27	35.7	16.1	-9.3	35	5.1	129	4.5	117	0.4	-3.9	-26.8	2.7	18.7
626/90	7.27	50.8	22.9	-3.5	34	6.4	154	4.7	122	13.8	3.6	-10.5	-1.2	4.6
506/95	7.31	42.7	20.2	-4.6	25	5.8	141	4.7	111	14.5	-0.3	-9.8	0.6	4.9
106/94	7.32	45.9	22.3	-2.4	37	5.2	143	4.4	109	16.1	0.3	-6.2	2.4	1.1

Die Einheiten sind mEq/l ausser für pCO$_2$ (mm Hg), Hämatokrit (%) und Plasmaprotein (g/dl)

Tabelle 8b: Resultate der Säuren-Basen-Berechnungen nach Fencl (Gruppe 2: $BE_{cl} \geq 0$, $BE_{ua} < 0$; n= 9)

Tier-Nr.	pH	pCO_2	$[HCO_3]$	BE_{net}	Hämatokrit	Plasma-protein	$[Na^+]$	$[K^+]$	$[Cl]$	Anionen-lücke	BE_{fw}	BE_{cl}	BE_{tp}	BE_{ua}
614/93	7.00	23.7	7.1	-20.0	26	5.6	149	4.5	107	39.4	2.1	0.0	1.2	-23.3
397/89	7.05	22.7	6.2	-21.8	50	6.2	146	5.0	102	42.8	1.2	2.8	-0.6	-25.2
218/93	7.10	31.6	9.2	-18.4	41	6.7	142	5.1	102	35.9	0	0.0	-2.1	-16.3
479/91	7.10	26.6	7.8	-19.8	44	4.8	138	5.2	99	36.4	-1.2	0.1	3.6	-22.3
35/97	7.13	34.1	11.7	-15.2	31	5.6	143	4.1	95	40.4	0.3	7.7	1.2	-24.4
62/95	7.15	32.9	10.4	-16.0	36	6.5	145	5.0	102	37.6	0.9	2.1	-1.5	-17.5
86/91	7.18	32.5	11.9	-14.9	38	6.4	141	4.4	98	35.5	-0.3	3.3	-1.2	-16.7
155/95	7.18	41.5	14.4	-12.1	44	7.6	160	7.9	101	52.5	5.4	12.4	-4.8	-25.1
310/93	7.24	33.8	13.5	-11.9	35	5.2	140	4.7	98	33.2	-0.6	2.6	2.4	-16.3

Einheiten: wie Tabelle 8a

Tabelle 8c: Resultate der Säuren-Basen-Berechnungen nach Fencl (Gruppe 3: BE_{cl} <0, BE_{ua} <0; n= 24)

Tier-Nr.	pH	pCO2	[HCO3]	BE_net	Hämatokrit	Plasma-protein	[Na+]	[K+]	[Cl]	Anionen-lücke	BE_rw	BE_cl	BE_rp	BE_ua
637/92	6.87	33.8	5.6	-24.5	33	5.4	140	4.3	108	30.7	-0.6	-7.5	1.8	-18.2
458/95	6.94	26.3	5.3	-24.2	17	6.4	145	5.5	114	31.2	0.9	-9.6	-1.2	-14.3
231/92	6.97	33.2	7.0	-22.3	27	4.2	151	3.6	123	24.6	2.7	-13.7	5.4	-16.7
330/89	7.03	25.6	6.6	-22.6	38	5.6	144	4.4	112	29.8	0.6	-8.4	1.2	-16.0
364/89	7.06	21.5	6.0	-22.4	32	4.2	138	3.9	116	19.9	-1.2	-17.4	5.4	-9.2
622/94	7.09	52.0	15.1	-13.0	50	6.6	141	6.9	102	30.8	-0.3	-0.7	-1.8	-10.2
137/91	7.10	28.2	8.7	-19.0	29	5.4	143	4.4	107	31.7	0.3	-4.3	1.8	-16.8
650/90	7.10	26.0	9.0	-18.5	33	6.7	139	4.0	103	31.0	-0.9	-3.2	-2.1	-12.3
318/89	7.10	29.0	8.9	-19.1	44	6.0	141	3.4	115	20.5	-0.3	-13.8	0	-5.0
370/90	7.11	31.1	9.7	-17.8	38	5.8	137	4.2	112	19.5	-1.5	-14.1	0.6	-2.8
356/94	7.11	25.0	9.8	-20.0	48	5.8	142	4.6	110	26.8	0	-8.0	0.6	-12.6
174/94	7.13	31.0	9.5	-17.4	21	6.0	145	4.4	108	31.9	0.9	-3.8	0	-14.5
524/92	7.14	27.5	8.5	-18.4	35	6.3	141	5.4	109	28.9	-0.3	-7.8	-0.9	-9.4
561/92	7.14	29.2	9.0	-17.8	38	5.6	139	4.6	115	19.6	-0.9	-15.5	1.2	-2.6
52/91	7.14	32.7	10.8	-16.5	33	6.1	141	5.4	110	25.6	-0.3	-8.8	-0.3	-7.1
577/91	7.17	28.8	9.7	-16.7	31	4.4	150	3.2	118	25.5	2.4	-9.7	4.8	-14.2
504/95	7.18	27.6	9.9	-16.8	36	6.0	151	5.2	112	34.3	2.7	-3.3	0	-16.2
406/90	7.20	34.5	13.1	-13.1	32	6.0	138	4.4	105	24.3	-1.2	-6.0	0	-5.9
180/93	7.22	30.7	11.4	-14.3	24	4.6	140	5.6	108	26.2	-0.6	-7.5	4.2	-10.4
205/96	7.25	34.3	14.1	-11.2	30	5.4	143	5.4	103	31.3	0.3	-0.3	1.8	-13.0
29/93	7.27	40.5	17.2	-7.9	25	4.6	143	4.6	115	15.4	0	-12.2	4.2	-0.2
721/90	7.27	37.5	16.8	-8.9	42	5.4	142	4.4	107	22.6	0.3	-5.0	1.8	-5.7
329/89	7.27	35.6	16.1	-9.0	41	5.0	143	5.0	114	17.9	0.3	-11.2	3	-1.1
37/92	7.29	39.6	18.5	-6.8	39	5.4	135	5.7	98	24.2	-2.1	-1.1	1.8	-5.4

Einheiten: wie Tabelle 8a

Die Gruppe 1 (Tabelle 8a) umfasste Tiere mit einer vorwiegend hyperchlorämischen Azidose mit einer hohen Chloridkonzentration im Serum und einer normalen oder verkleinerten Anionenlücke. Die hohen Chloridkonzentrationen, und bei einigen Kälbern die tiefen Natriumkonzentrationen, führten zu deutlich negativen Werten der Basenexzesskomponente BE_{cl}, welche den BE_{net} am stärksten beeinflusste. Bei drei Patienten dieser Gruppe resultierte ein stark positiver BE_{ua} von 7.5 bis 18.7 mEq/l, welcher den BE_{cl} überlagerte. Die Anionenlücke lag bei 12 Kälbern im Referenzbereich und bei fünf Kälbern darunter.

Bei den Kälbern der Gruppe 2 (Tabelle 8b) wurde die Azidose fast ausschliesslich durch unidentifizierte Anionen verursacht. In allen Fällen war der BE_{ua} deutlich negativ und die Anionenlücke stark vergrössert. Bei einem Kalb (Nr 155/95) ergab die Berechnung nach Fencl eine deutliche Alkalose wegen einer hochgradigen Hypernatriämie und eine Azidose wegen einer Hyperproteinämie und unidentifizierten Anionen. Als Summe resultierte ein mittelgradig negativer BE_{net}.

Bei den Kälbern der Gruppe 3 (Tabelle 8c) war die Azidose hauptsächlich eine Folge der relativ hohen Chloridkonzentrationen im Serum und der Anwesenheit unidentifizierter Anionen. Sowohl der BE_{cl} als auch der BE_{ua} waren bei diesen Patienten negativ und bestimmten hauptsächlich den BE_{net}. Die Anionenlücke lag bei 18 Kälbern über dem Referenzbereich.

Die Säuren-Basen-Veränderungen durch die Komponenten BE_{fw} und BE_{tp} waren bei den meisten Tieren von untergeordneter Bedeutung. Eine Ausnahme stellten die durch eine Hypoproteinämie verursachten alkalischen Effekte bei fünf Kälbern der Gruppe 3 mit BE_{tp}-Werten von 4.2-5.4 mEq/l dar. Insgesamt hatten aber auch diese Kälber eine Azidose, da die Alkalosekomponente BE_{tp} durch die Azidosekomponenten BE_{cl} und BE_{ua} (bei drei Kälbern) oder BE_{cl}, BE_{ua} und BE_{fw} (bei zwei Kälbern) überkompensiert wurde.

Tabelle 9 zeigt die Medianwerte sowie Minima und Maxima der Parameter pH, pCO_2, $[HCO_3^-]$ und Basenexzess der Blutgasanalyse der drei Kälbergruppen gemäss Tabelle 1. Die statistische Analyse ergab signifikante Unterschiede bezüglich pCO_2, $[HCO_3^-]$ und BE_{net} zwischen Kälbern der Gruppen 1 und 2 und Kälbern der Gruppen 1 und 3.

Tabelle 9: pH, pCO_2, $[HCO_3^-]$ und Basenexzess (Medianwerte, Minima, Maxima) im venösen Blut der drei Kälbergruppen gemäss Tabelle 1

Gruppe	n	pH	pCO_2 (mm Hg)	$[HCO_3^-]$ (mEq/l)	BE_{net} (mEq/l)
1	17	7.21 (7.04, 7.32)	39.2 (25.0, 53.4)[a]	14.1 (9.4, 22.9)[a]	-12.3 (-19.5, -2.4)[a]
2	9	7.13 (7.00, 7.24)	32.5 (22.7, 41.5)[b]	10.4 (6.2, 14.4)[b]	-16.0 (-21.8, 11.9)[b]
3	24	7.14 (6.87, 7.29)	30.9 (21.5, 52.0)[b]	9.7 (5.3, 18.5)[b]	-17.6 (-24.5, -6.8)[b]
Total	50	7.16 (6.87, 7.32)	33.8 (21.5, 53.4)	11.5 (5.3, 22.9)	-15.4 (-24.5, -2.4)

[a,b] Werte mit verschiedenen Indizes in derselben Kolonne unterscheiden sich signifikant (P<0.05)

    Tabelle 10 gibt die Medianwerte sowie Minima und Maxima der vier Komponenten des Basenexzesses und der Anionenlücke der drei Kälbergruppen gemäss Tabelle 1 wieder. Die statistische Untersuchung ergab zwischen den Kälbern der drei Gruppen signifikante Unterschiede bezüglich der Variablen BE_{cl}, BE_{ua} und Anionenlücke.

Tabelle 10: Medianwerte (Minima, Maxima) der vier Komponenten des Basenexzesses und
der Anionenlücke in den drei Kälbergruppen gemäss Tabelle 1

Gruppe	n	BE_{net} (mEq/l)	BE_{fw} (mEq/l)	BE_{cl} (mEq/l)	BE_{tp} (mEq/l)	BE_{ua} (mEq/l)	Anionen-lücke (mEq/l)
1	17	-12.3^a (-19.5, -2.4)	-0.3 (-5.1, 3.6)	-14.2^a (-26.8, -3.1)	0.6 (-4.8, 3.0)	3.1^a (0.2, 18.7)	16.0^a (0.4, 22.6)
2	9	-16.0^b (-21.8, -11.9)	0.3 (-1.2, 5.4)	2.6^b (0.0, 12.4)	-0.6 (-4.8, 3.6)	-22.3^b (-25.2, -16.3)	37.6^b (33.2, 52.5)
3	24	-17.6^b (-24.5, -6.8)	-0.15 (-2.1, 2.7)	-7.9^c (-17.4, -0.3)	1.2 (-2.1, 5.4)	-10.3^c (-18.2, -0.2)	25.9^c (15.4, 34.3)
Total	50	-15.2 (-24.5, -2.4)	-0.15 (-5.1, 5.4)	-8.6 (-26.8, 12.4)	0.9 (-4.8, 5.4)	-6.5 (-25.2, 18.7)	24.3 (0.4, 52.5)

Referenzwerte: Medianwert des BE_{net} = + 3.4 mEq/l; 10% - 90%-Quantil = -0.3 - 5.7 mEq/l
Medianwert der Anionenlücke = 17.2 mEq/l; 10% - 90%-Quantil = 13.8 – 23.8 mEq/l
[a,b,c] Werte mit verschiedenen Indizes in derselben Kolonne unterscheiden sich signifikant (P<0.05)

Die einfache lineare Regressionsanalyse ergab eine signifikante lineare
Abhängigkeit zwischen Anionenlücke und BE_{ua}: Y (Anionenlücke; mEq/l) =
17.757 - 0.9432 X (BE_{ua}; mEq/l); R^2 =0.8989; P < 0.001; n = 50. (Grafik 2).

137

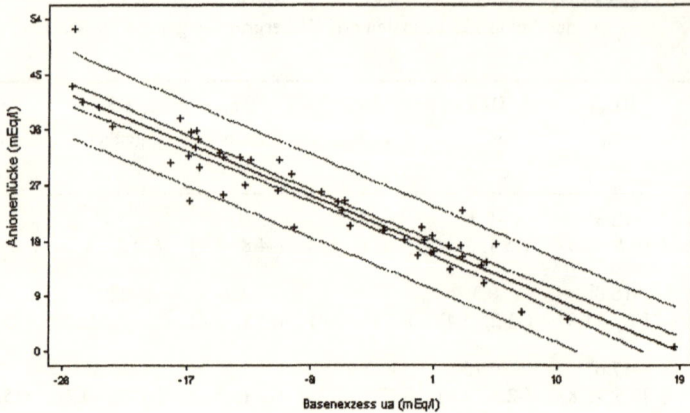

Grafik 2: Beziehung zwischen Anionenlücke und BE_{ua} im Blut von 50 Kälbern mit chronischer Indigestion und metabolischer Azidose. Die gerade Linie stellt die Regressionsgerade dar: Y (Anionenlücke; mEq/l) = 17.757 - 0.9432 X (BE_{ua}; mEq/l); R^2 =0.8989; P < 0.001; n = 50. Die zwei Linien nahe der Regressionsgeraden stellen das 95% Vertrauensintervall und die zwei angrenzenden Bereiche stellen das 95% prädiktive Intervall für die Regressionsgerade dar

Vergleich festliegender mit nicht festliegenden Kälbern

Aus Tabelle 11 geht hervor, dass festliegende Kälber eine signifikant schlechtere Sauglust, eine höhere Leukozytenzahl im Blut und höhere Fibrinogen- und Harnstoffkonzentrationen aufwiesen als stehfähige Kälber. Überdies bestanden signifikante Unterschiede bezüglich der Parameter pH-Wert des Blutes, pCO_2, [HCO_3^-], BE_{net}, BE_{ua} und Anionenlücke. Die festliegenden Patienten hatten eine stärkere metabolische Azidose und der Beitrag unidentifizierter Anionen zur Azidose war grösser als bei den nicht festliegenden Tieren. Bezüglich Alter, Hämatokrit, BE_{cl} und pH-Wert des Pansensaftes bestanden jedoch keine signifikanten Unterschiede zwischen den beiden Gruppen.

Tabelle 11: Vergleich relevanter Parameter (Medianwerte, Minima, Maxima) von festliegenden und nicht festliegenden Kälbern mit chronischer Indigestion

Parameter (Einheit)	Festliegende Kälber (n = 32)	Nicht festliegende Kälber (n = 27)	Signifikanz
Alter (Tage)	27 (6, 56)	33 (8, 90)	n.s.
Sauglust: fehlend	14	3	$p < 0.05$
mittel- bis hochgr. reduziert	11	10	
geringgradig reduziert	7	14	
pH-Wert des Pansensaftes	4.5 (2.5, 6.0)	4.5 (3.5, 7.0)	n.s.
pH-Wert des Blutes	7.10 (6.87, 7.31)	7.24 (7.10, 7.32)	$p < 0.001$
pCO_2 (mm Hg)	29.5 (21.5, 52.0)	35.6 (25.4, 53.4)	$p < 0.01$
$[HCO_3]$ (mEq/l)	9.3 (5.3, 20.2)	14.4 (8.5, 22.9)	$p < 0.001$
$Basenexzess_{bat}$ (mEq/l)	-18.4 (-24.5, -4.6)	-11.4 (-19.2, -2.4)	$p < 0.001$
$Basenexzess_{sa}$ (mEq/l)	-12.5 (-25.2, 4.9)[a]	-0.7 (-25.1, 18.7)[c]	$p < 0.05$
$Basenexzess_{si}$ (mEq/l)	-8.6 (-17.4, 7.7)[a]	-9.0 (-26.8, 12.4)[c]	n.s.
Anionenlücke (mEq/l)	27.9 (13.1, 42.8)[a]	18.1 (0.4, 52.5)[c]	$p < 0.05$
Hämatokrit (%)	34 (17, 50)[a]	37 (21, 46)[b]	n.s.
Leukozytenzahl (pro µl)	14300 (4000, 34500)[a]	9150 (3900, 27200)[c]	$p < 0.05$
Fibrinogen (g/l)	10.0 (4.0, 22.0)[a]	9.0 (4.0, 16.0)[d]	$p < 0.05$
Harnstoff (mmol/l)	8.3 (4.9, 41.6)[a]	6.7 (4.0, 45.3)[b]	$p < 0.05$

n.s = nicht signifikant
[a] n=28, [b] n=25, [c] n=24, [d] n=23, [e] n=22

Begleitkrankheiten

Je sechs (10%) Patienten litten zusätzlich zur chronischen Indigestion an Durchfall bzw. Bronchopneumonie. Bei je einem Kalb wurde eine Nabelhernie, eine Omphalophlebitis bzw. eine Omphalitis diagnostiziert.

Therapie und Verlauf

Da die Therapie dem Schweregrad der Erkrankung der Patienten angepasst wurde, war sie nicht einheitlich. Aus Tabelle 12 ist ersichtlich, wie oft die verschiedenen therapeutischen Massnahmen zum Einsatz kamen. Achtundvierzig Patienten wurden mit einer 5%igen Natriumbikarbonatlösung als Dauertropf-infusion behandelt. Mit zwei Ausnahmen erhielten diese Tiere auch Infusionen einer isotonischen NaCl-Glukose-Lösung. Metoclopramid wurde in 40, Antibiotika und Vitamine in je 38 Fällen eingesetzt. Antiphlogistika kamen bei neun Patienten zum Einsatz. Achtundvierzig Kälber erhielten Pansensaft *per os*. Der Medianwert der Aufenthaltsdauer an der Klinik betrug 8 Tage (Min. = 4 Tage, Max. = 15 Tage).

Fünfundfünfzig Patienten (93%) konnten als geheilt aus der Klink entlassen werden, die restlichen vier Kälber wurden euthanasiert. Zwei dieser Kälber hatten von Geburt an nie spontan getrunken und waren daher mit einer Schlundsonde ernährt worden.

Die einige Monate nach der Entlassung aus der Klinik erfolgte Befragung der Besitzer ergab bei 46 Kälbern einen ungestörten Verlauf (Tabelle 13). Drei Tiere wurden rückfällig. Bei sechs Patienten konnten keine Angaben über den weiteren Verlauf erhalten werden. Neun Besitzer gaben an, das Kalb weise gegenüber gleichaltrigen Tieren einen Wachstumsrückstand auf. Fünfzehn Besitzer verneinten dies. In 31 Fällen konnten zu dieser Frage keine verlässlichen Angaben gemacht werden.

Tabelle 12: Therapie bei 59 Kälbern mit chronischer Indigestion. Häufigkeit der eingesetzten therapeutischen Massnahmen

Medikament/Massnahme	Anzahl Kälber (%)
Natriumbikarbonat-Infusion	48 (81)
NaCl-Glukose-Infusion	46 (78)
Metoclopramid	40 (68)
Antibiotika	38 (64)
Vitamine	38 (64)
Antiphlogistika	9 (15)
Pansensaft *per os*	48 (81)

Tabelle 13: Verlauf bei 59 Kälbern mit chronischer Indigestion nach der Entlassung aus der Klinik

Verlauf	Anzahl Kälber (%)
ungestört	46 (78)
Rezidiv	3 (5)
Euthanasie	4 (7)
keine Angaben	6 (10)
Total	59 (100)

Pathologisch anatomische Befunde

Bei einem Kalb wurde eine herdförmige, akut-nekrotisierende Tubulonephrose diagnostiziert. Ein weiterer Patient war kachektisch und wies einen mässigen Aszites sowie kleine Erosionen in der Maulschleimhaut und eine leichtgradige Gingivitis auf. Der immunhistologische BVD-Antigennachweis verlief negativ. Bei den anderen beiden Kälbern konnte keine pathologisch-anatomische Diagnose gestellt werden.

Diskussion

Die bakterielle Spaltung von Milch im Pansen nicht ruminierender Kälber führt zu einer Ansammlung saurer Metaboliten (BREUKINK ET AL., 1988; DIRR, 1988; DIRR UND DIRKSEN, 1989; VAN WEEREN-KEVERLING BUISMAN, 1989; BÄTTIG ET AL., 1992) und somit zu einer Pansenazidose. Bei 93% der Tiere der vorliegenden Untersuchung lag der pH-Wert des Pansensaftes unter 6, bei 59% der Tiere gar unter 5. Der Geruch des Pansensaftes war fast ausnahmslos säuerlich. In rund zwei Dritteln der Fälle konnten Milchbeimengungen festgestellt werden. Der Medianwert des pH-Wertes im Blut lag mit 7.17 deutlich im sauren Bereich. Schon BÄTTIG ET AL. (1992) stellten fest, dass die meisten Kälber mit einem pH-Wert des Pansensaftes unter 5.5 gleichzeitig eine metabolische Azidose im Blut aufwiesen. Auch GENTILE ET AL. (1998) konnten einen Zusammenhang zwischen dem pH-Wert des Pansensaftes und des Blutes nachweisen. In der vorliegenden Arbeit wiesen alle Patienten eine metabolische Azidose auf. Die Azidose war vermutlich eine Hauptursache für das bei 57 von 59 Kälbern gestörte Allgemeinbefinden. Mehr als die Hälfte der Patienten lag fest. Es konnte gezeigt werden, dass festliegende Kälber im Vergleich mit stehfähigen Kälbern eine signifikant schlechtere Sauglust und eine signifikant stärkere Azidose im Blut aufwiesen. Dies bestätigt die Feststellung vieler Kliniker, dass azidotische Kälber apathisch sind und in schweren Fällen festliegen. Parallel zum Absinken der Bikarbonatkonzentration ($[HCO_3^-]$) konnte auch eine Erniedrigung des CO_2-Partialdruckes (pCO_2) im Blut beobachtet werden. Durch die Abatmung von CO_2 über die Lunge versucht der Körper, die metabolische Azidose zu kompensieren. Beim Hund rechnet man mit einem Absinken des pCO_2 um etwa 0.7 mm Hg je 1 mEq/l abgesunkenes HCO_3^-, beim Menschen mit 1mm Hg je 1 mEq/l (DE MORAIS, 1992; HALPERIN UND GOLDSTEIN, 1994).

Die Sauglust war bei 35% der Patienten trotz gestörtem Allgemeinbefinden und zum Teil schwerer Azidose nur leichtgradig reduziert, was etwas überraschte. Die klinischen und laboranalytischen Untersuchungen zeigten aber, dass auch von diesen Kälbern nicht alle ihren Flüssigkeitsbedarf decken konnten, wiesen doch 80% der Patienten klinisch eine Exsikkose auf und 45% bzw. 75% der Tiere hatten einen erhöhten Hämatokrit bzw. Harnstoffgehalt im Blut. Dies weist einmal mehr daraufhin, dass ein Kalb, selbst bei mehr oder weniger normalem Saugverhalten, nicht voreilig als gesund bezeichnet werden darf.

Weitere charakteristische Symptome neben der Azidose waren ein mattes, schuppiges Haarkleid, Alopezie und Veränderungen der Kotkonsistenz. In mehr als der Hälfte der Fälle war der Kot lehmartig, was als Resultat einer starken

Wasserabsorption im Dickdarm angesehen wird (BREUKINK ET AL., 1988). Es konnte aber auch gezeigt werden, dass bei "Pansentrinkern" das Nahrungsfett bereits im Pansen hydrolysiert und nur zu einem geringen Teil im Darm absorbiert wird (BREUKINK ET AL., 1988). Dies dürfte sich zusätzlich auf die Kotkonsistenz auswirken.

Bei den anamnestischen Angaben ist bemerkenswert, dass nur acht der 59 Kälber die Tränke über einen Sauger erhielten. Es wurde mehrfach darauf hingewiesen, dass sich die Schlundrinne beim Saugen an einem Gummisauger besser schliesst als bei einer Tränkeaufnahme aus dem Eimer ohne Sauger (WISE UND ANDERSON, 1939; WISE ET AL., 1984; LYFORD UND HUBER, 1988; RUCKEBUSCH, 1988). Eine rasche Aufnahme grosser Mengen Milch aus dem Eimer ohne Sauger wird als Hauptursache für eine Störung des Schlundrinnenreflexes angesehen. Dies lässt vermuten, dass das "Pansentrinken" zumindest teilweise eine Folge einer inadäquaten Tränketechnik ist. Bei den zehn Kälbern, die vor den ersten Anzeichen einer chronischen Indigestion an Durchfall, einer Bronchopneumonie oder einer Nabelentzündung erkrankt waren, mag die Primärkrankheit zu einer Störung des Schlundrinnenreflexes und zu einer Sistierung der Vormagentätigkeit beigetragen haben. Es ist aber bemerkenswert, dass laut Besitzer bei 69% der Patienten der chronischen Indigestion weder eine andere Krankheit noch eine Trinkschwäche in der Neugeborenenphase vorausgegangen war. Jeder vierte Tierbesitzer gab an, dass die chronische Indigestion in seinem Betrieb ein Bestandesproblem darstelle. Diese Daten weisen zusätzlich darauf hin, dass es sich bei der chronischen Indigestion zumindest teilweise um ein Managementproblem handelt. Tränkeautomaten oder Mutter- und Ammenkuhhaltung bieten in dieser Hinsicht Vorteile.

Die durch die hämatologischen und blutchemischen Untersuchungen bei der Mehrheit der Kälber festgestellte Erhöhung der Gesamtleukozytenzahl und der Fibrinogenkonzentration sind Hinweise auf ein entzündliches Geschehen. Dies steht im Einklang mit Entzündungen der Vormagenschleimhaut, die bei Kälbern nach "Pansentrinken" beschrieben wurden (HÄNICHEN ET AL., 1992). Die bei einem Teil der Patienten erhöhten GLDH- und GGT-Aktivitäten deuten auf eine erhöhte Leberbelastung bei Kälbern mit chronischer Indigestion hin, die möglicherweise auf eine Absorption von im Pansen gebildeten Säuren und Toxinen zurückzuführen ist. Die erhöhten GGT-Aktivitäten könnten teilweise auch auf die Absorption kolostraler GGT zurückzuführen sein (BRAUN ET AL., 1982), zumal die statistische Analyse eine signifikante Altersabhängigkeit ergab. Die Beziehung zwischen Alter und Harnstoffkonzentration weist auf eine stärkere Dehydratation bei jüngeren Tieren hin. Ein solcher Zusammenhang wurde auch bei Kälbern mit Durchfall festgestellt (NAYLOR, 1987). Beim eigenen

Patientengut hatten allerdings nur sechs Kälber Durchfall, und davon waren vier älter als ein Monat. Die stärkere Dehydratation bei jüngeren Tieren dürfte daher eine Folge der mangelhaften Flüssigkeitsaufnahme sein.

Die vorliegenden Untersuchungen haben gezeigt, dass es bei der chronischen Indigestion ausser der Pansenazidose auch zu einer metabolischen Azidose kommt. Zur Differenzierung der Ursachen einer metabolischen Azidose kann die Anionenlücke berechnet werden. In der vorliegenden Studie lag die Anionenlücke bei 24 von 50 Patienten im Referenzbereich oder darunter und bei deren 26 darüber. Also lag bei mehr als der Hälfte der Patienten ein Überschuss an unidentifizierten Anionen vor. Da der Anstieg der Anionenlücke geringer war als die Abnahme der [HCO_3^-], liess dies theoretisch auf eine gemischte metabolische Azidose (Kombination einer hyperchlorämischen Azidose mit einer Azidose mit vergrösserter Anionenlücke) schliessen (EMMETT UND NARINS, 1977), wobei diese Schlussfolgerung nach DI NUBILE (1988) nicht immer korrekt ist.

Die Analyse der Daten gemäss den Formeln von Fencl zeigte, dass der Basenexzess (BE_{net}) hauptsächlich durch die Konzentration des Chlorids (BE_{cl}) und der unidentifizierten Anionen (BE_{ua}) beeinflusst wurde. Die Natrium- und die Plasmaproteinkonzentration veränderten den Basenexzess vergleichsweise nur gering. Bei 17 Kälbern war der negative Basenexzess hauptsächlich durch die Hyperchlorämie und bei neun Kälbern vor allem durch unidentifizierte Anionen bedingt. Bei 24 Tieren lag eine Kombination dieser beiden Ursachen vor. Also war bei 41 Patienten (82%) die Hyperchlorämie und bei 33 Patienten (66%) ein Überschuss an unidentifizierten Anionen ursächlich an der Azidose mitbeteiligt. Aufgrund der Berechnung der Anionenlücke allein lag nur bei 26 Tieren (52%) ein Überschuss an unidentifizierten Anionen vor. Dies zeigt, dass mit der Methode nach Fencl zusätzlich bei sieben Tieren (14%) ein Überschuss an unidentifizierten Anionen nachgewiesen werden konnte.

Ein Vergleich der beiden Methoden für die Beurteilung der metabolischen Azidose bei den Patienten der vorliegenden Studie lässt folgende Schlüsse zu:

1) Zwischen der Anionenlücke und dem Basenexzess$_{ua}$ bestand eine hochsignifikante lineare Abhängigkeit (Grafik 2). Die Anionenlücke war somit geeignet, den Einfluss unidentifizierter Anionen auf den Säuren-Basen-Haushalt in den meisten Fällen präzise abzuschätzen. Bei sieben Tieren (14%) konnte ein Überschuss an unidentifizierten Anionen jedoch nur mit den Berechnungen nach Fencl nachgewiesen werden.

2) Die vergrösserte Anionenlücke bei mehr als der Hälfte der Patienten zeigte, dass bei diesen Tieren eine Azidose durch unidentifizierte Anionen vorhanden

war. Da die Abnahme des Medianwertes der [HCO$_3^-$] grösser war als der Anstieg der Anionenlücke (Medianwert), kam eine gemischte metabolische Säuren-Basen-Störung in Frage (Kombination einer hyperchlorämischen Azidose mit einer Azidose mit vergrösserter Anionenlücke). Eine sichere Aussage war aber nicht möglich. Mit den Berechnungen nach Fencl konnte hingegen gezeigt werden, dass bei 24 Kälbern eine gemischte metabolische Azidose vorlag.

3) Übereinstimmend mit WHITEHAIR ET AL. (1995) kann festgestellt werden, dass das Konzept von Fencl geeignet ist, Einblick in komplexe metabolische Säuren-Basen-Störungen zu erhalten. Durch die Aufteilung des Basenexzesses in vier Komponenten ist es möglich, sich überlagernde Effekte durch Natrium, Chlorid, Plasmaprotein und unidentifizierte Anionen aufzudecken.

Die Herkunft der unidentifizierten Anionen ist unklar. In erster Linie sind eine Laktatazidose und eine Ketoazidose in Betracht zu ziehen. Bei Kälbern mit gestörtem Schlundrinnenreflex wurden zum Teil erhöhte Konzentrationen an Milch- und Buttersäure im Pansensaft nachgewiesen (DIRR, 1988; DIRR UND DIRKSEN, 1989). VAN WEEREN-KEVERLING BUISMAN (1989) fand erhöhte Konzentrationen an Milch-, Propion- und Buttersäure im Pansensaft von Versuchskälbern nach intraruminaler Gabe von Milch. In einer neueren Untersuchung konnte bei Kälbern mit einer Pansenazidose und angestiegener Anionenlücke jedoch keine Erhöhung der L-Laktat-Konzentration im Blut festgestellt werden (GENTILE ET AL., 1998). Dies wurde damit erklärt, dass das absorbierte L-Laktat im Organismus rasch metabolisiert wird und somit nur vorübergehend zu signifikanten Anstiegen der Plasmakonzentration führt. KASARI UND NAYLOR (1986) beschrieben ebenfalls Kälber mit einer metabolischen Azidose mit vergrösserter Anionenlücke. Die Konzentration von L-Laktat im Blut war auch hier, zusammen mit jener von Azetat und Azetoazetat, im Normalbereich. GENTILE ET AL. (1998) wiesen aber darauf hin, dass D-Laktat für den Anstieg der Anionenlücke verantwortlich sein könnte.

Eine Zunahme von Ketonkörpern im Blut bei chronischer Indigestion wäre als Folge des Hungerzustandes möglich. Der Ketonkörpernachweis mit Nitroprussid-Natrium-Teststreifen (Ketostix®, Bayer Diagnostics) im Harn von einigen Patienten des eigenen Krankengutes (nicht publiziert) verlief allerdings negativ, wobei beachtet werden muss, dass mit diesem Test die ß-Hydroxybuttersäure nicht erfasst wird. BREUKINK ET AL. (1988) fanden teilweise erhöhte Konzentrationen an ß-Hydroxybuttersäure im Blut von "Pansentrinker"-Kälbern. Genauere Angaben dazu fehlen jedoch. In einem nächsten Schritt sollten daher quantitative Bestimmungen von Ketonkörpern im Blut von Kälbern mit chronischer Indigestion und vergrösserter Anionenlücke durchgeführt werden. Im Hungerzustand können zudem als Folge des Katabolismus von Protein und schwefelhaltigen Aminosäuren vermehrt Phosphat- und Sulfationen entstehen und schliesslich kann bei Kälbern mit einer Hypovolämie auch eine Retentionsazidose infolge reduzierter Exkretion von Säure-Anionen auftreten (HARTMANN ET AL., 1997). Einen Hinweis auf eine Retentionsazidose gaben die erhöhten Harnstoff-konzentrationen bei 75% der eigenen Patienten.

Bei der hyperchlorämischen metabolischen Azidose handelte es sich vermutlich um eine Subtraktionsazidose infolge eines Verlustes an HCO_3^- -Ionen. Da die Kälber nur in Ausnahmefällen Durchfall hatten, kann aber ein Verlust an HCO_3^- -Ionen im Darm das Auftreten dieser Azidoseform bei der Mehrheit der Fälle nicht erklären. Von BÄTTIG ET AL. (1992) wurde hingegen postuliert, dass Kälber mit einer Pansenazidose überdurchschnittliche Mengen an Speichel abschlucken. Dies könnte den Bikarbonatverlust teilweise erklären.

Ein direkter oder indirekter Bikarbonatverlust kann auch über die Nieren erfolgen (HALPERIN UND GOLDSTEIN, 1994). Ein indirekter Bikarbonatverlust entsteht, wenn über die Nieren mehr organische Anionen ausgeschieden werden als H^+ oder NH_4^+. Als Folge davon entsteht eine hyperchlorämische metabolische Azidose mit einer normalen Anionenlücke.

In Anbetracht des bei vielen Kälbern hochgradig gestörten Allgemein-zustandes bei der Einweisung kann der Therapieerfolg (93% der Patienten wurden als geheilt entlassen) als sehr gut bezeichnet werden. Zudem war die Rezidivrate gering. Von zentraler Bedeutung ist die Behebung der metabolischen Azidose und der Pansenazidose durch Natriumbikarbonat oder andere alkalinisierende Substanzen. Die Verabreichung der Tränke muss über einen Sauger und in Mengen bis höchstens zwei Liter pro Mahlzeit erfolgen (STOCKER UND RÜSCH, 1994; STOCKER, 1996). Voraussetzung für eine genaue Berechnung der benötigten Menge Natriumbikarbonat ist die Blutgasanalyse. Um den Therapieerfolg abzuschätzen, können im Verlauf der Behandlung weitere Blutgasanalysen notwendig sein. Es wurde auch beschrieben, wie der Schweregrad einer metabolischen Azidose bei an Durchfall erkrankten Kälbern aufgrund des Exsikkosegrades abgeschätzt werden kann (ROUSSEL, 1983). Andere Autoren haben jedoch eine schwere metabolische Azidose bei nur leicht dehydrierten Kälbern festgestellt (KASARI UND NAYLOR, 1986; GROVE-WHITE UND WHITE, 1993). Die Resultate der hämatologischen und blutchemischen Untersuchungen geben Hinweise auf eine allfällige Dehydratation, Entzündungs-erscheinungen oder Elektrolytverschiebungen, welche bei der Therapie berücksichtigt werden müssen. Die Pansensaftgaben von einer gesunden Kuh *per os* wirken sich auf das Pansenmilieu und die Pansenmotorik günstig aus (RADEMACHER, 1997). Das Absaugen des sauren Panseninhaltes oder Pansenspülungen (RADEMACHER, 1997) wurden hingegen nur in Ausnahmefällen, wenn mehrere Liter dünnflüssigen Panseninhaltes vorlagen, durchgeführt und scheinen daher für den Therapieerfolg nicht entscheidend zu sein.

Die Bedeutung der vorliegenden Untersuchungen für die Therapie der chronischen Indigestion kann nicht abschliessend beurteilt werden. Säuren-Basen-Störungen sind sekundäre Phänomene. Das Problem sollte daher grundsätzlich durch Erkennung und Bekämpfung der ihm zugrunde liegenden Ursache angegangen werden. Auf diesem Weg soll die vorliegende Arbeit einen ersten Schritt darstellen. Die Therapie der metabolischen Azidose der hier beschriebenen Kälber erfolgte mit einer Dauertropfinfusion einer 5%igen Natriumbikarbonat-Lösung aufgrund des BE_{net} und mit einer oralen Rehydratationslösung, die ebenfalls Natriumbikarbonat enthielt. Da die Berechnungen nach Fencl retrospektiv durchgeführt wurden, fanden sie keinen Eingang in die Therapie. Das gute Behandlungsergebnis und die Tatsache, dass Natriumbikarbonat weltweit zur Therapie der metabolischen Azidose bei Kälbern eingesetzt wird (KASARI UND NAYLOR, 1986; DOLL, 1990; KASARI, 1990; TREMBLAY, 1990; GEISHAUSER UND THÜNKER, 1997; GROOVE-WHITE, 1998), könnte zur Schlussfolgerung Anlass geben, dass die Therapie dieser Störung keiner Korrektur bedarf. In der Literatur wird aber darauf hingewiesen, dass bei einer durch unidentifizierte Anionen verursachten Azidose bei Kleintieren eine Therapie mit Natriumbikarbonat zu einer späten Alkalose führen kann, da die unidentifizierten Anionen im Verlaufe der Therapie zu HCO_3^- metabolisiert werden können (DI BARTOLA, 1992A; DE MORAIS, 1997). Inwieweit dies bei Kälbern ein Problem darstellt, ist unklar. Untersuchungen von Säuren-Basen-Störungen, wie sie in der vorliegenden Arbeit durchgeführt wurden, erlauben es aber, die Therapie zu optimieren. Es wird empfohlen, bei Patienten mit einer durch unidentifizierte Anionen verursachten Azidose mit vergrösserter Anionenlücke den pH-Wert des Blutes mit Natriumbikarbonat nur bis 7.2 anzuheben, um eine späte metabolische Alkalose zu vermeiden (DI BARTOLA, 1992A; DE MORAIS, 1997). Dieses Vorgehen könnte insbesondere bei festliegenden Kälbern von Vorteil sein, da in der vorliegenden Studie bei diesen Patienten der Beitrag unidentifizierter Anionen zur Azidose signifikant grösser war als bei Kälbern, die noch stehen konnten.

Schlussfolgerungen

- Kälber mit chronischer Indigestion haben neben einer Pansenazidose auch eine metabolische Azidose.

- Die metabolische Azidose ist vermutlich die Hauptursache für das Festliegen.

- In der vorliegenden Untersuchung gab es zwei Hauptursachen für die metabolische Azidose, nämlich eine hyperchlorämische Azidose und eine Azidose durch unidentifizierte Anionen.

- Die hyperchlorämische Azidose ist vermutlich die Folge eines Bikarbonatverlustes. Wo im Organismus bei der chronischen Indigestion Bikarbonat verloren geht, muss in weiteren Studien abgeklärt werden.

- Die Identität der unidentifizierten Anionen ist unklar und muss ebenfalls weiter untersucht werden. Möglicherweise handelt es sich dabei um D-Laktat oder ß-Hydroxybuttersäure.

- Die Anionenlücke stellt ein gutes Mass für den Einfluss unidentifizierter Anionen auf Säuren-Basen-Störungen bei der chronischen Indigestion dar.

- Die wichtigste therapeutische Massnahme ist die Behebung der metabolischen Azidose.

- Bei festliegenden Kälbern ist der Beitrag unidentifizierter Anionen zur Azidose signifikant grösser als bei Kälbern, die noch stehen konnten. Aus diesem Grund könnte es bei diesen Patienten, wie es auch in der Kleintiermedizin empfohlen wird, von Vorteil sein, den pH-Wert des Blutes mit Natriumbikarbonat nur bis 7.2 anzuheben, um eine späte metabolische Alkalose zu vermeiden.

- Gemischte Azidosen, bedingt durch Hyperchlorämie und unidentifizierte Anionen, konnten nur mit der Methode nach Fencl entdeckt werden.

- Die Prognose für das Überleben der Kälber mit chronischer Indigestion ist bei der beschriebenen Therapie günstig. Über die Wirtschaftlichkeit der Tiere nach der Genesung kann aufgrund unserer Studien keine abschliessende Aussage gemacht werden.

- Die Tränkeverabreichung über einen Sauger und in kleinen Portionen ist vermutlich die wichtigste prophylaktische Massnahme.

Zusammenfassung

Bei 59 Kälbern mit chronischer Indigestion wurden klinische Erscheinungen, Veränderungen im Blut und im Pansensaft sowie therapeutische Massnahmen beschrieben und diskutiert. Charakteristische Symptome waren ein gestörtes Allgemeinbefinden, schlechter Nährzustand, Exsikkose, mattes und schuppiges Haarkleid, Alopezie und lehmartiger Kot. Alle Patienten wiesen eine metabolische Azidose auf, die bei mehr als der Hälfte der Fälle mit Festliegen verbunden war. Festliegende Kälber hatten eine signifikant stärkere Azidose als noch stehfähige Kälber. Zur Differenzierung der Ursachen der metabolischen Azidose wurden bei 50 Tieren die Anionenlücke und die verschiedenen Komponenten des Basenexzesses nach den Formeln von Fencl berechnet. Es zeigte sich, dass der Basenexzess hauptsächlich durch die Chloridkonzentration im Serum und durch die unidentifizierten Anionen im Blutplasma bestimmt wurde, während Veränderungen der Natrium- und Plasmaproteinkonzentration den Basenexzess vergleichsweise nur geringgradig beeinflussten. Zwischen der Anionenlücke und der Komponente des Basenexzesses, die durch unidentifizierte Anionen bedingt war, bestand eine signifikante lineare Abhängigkeit: Y (Anionenlücke; mEq/l) = 17.757 - 0.9432 X (BE_{ua} ; mEq/l); R^2 =0.8989; P < 0.001; n = 50. Die Anionenlücke war somit geeignet, den Einfluss unidentifi-zierter Anionen abzuschätzen. Gemischte Azidosen durch eine Hyperchlorämie und unidentifizierte Anionen, wie sie bei 23 Kälbern vorkamen, konnten aber nur mit der Methode nach Fencl nachgewiesen werden.

Die wichtigsten therapeutischen Massnahmen waren die Behebung der metabolischen Azidose durch Natriumbikarbonat, die Korrektur der Pansenazidose mittels Pansensaft, NaCl-Glukose-Infusionen, Metoclopramid und die Verabreichung der Tränke über einen Sauger und in kleinen wiederholten Mengen. Die Prognose kann bei einer adäquaten Behandlung als günstig bezeichnet werden.

Literatur

- Adrogué H.J., Wilson H., Boyd A.E., Suki W.N., Eknoyan G. (1982): Plasma acid-base patterns in diabetic ketoacidosis. N. Engl. J. Med. 307: 1603-1610.

- Anonym (1996): Statistix® für Windows (Analytical Software, Tallahassee FL).

- Bättig U., Regi G., Stocker H., Zähner Marlene, Rüsch P. (1992): Pansensaft-Untersuchung bei Kälbern mit gestörter und normaler Sauglust. Tierärztl. Prax. 20: 44-48.

- Berchtold M., Zaremba W., Grunert E. (1990): Kälberkrankheiten. In: Neugeborenen- und Säuglingskunde der Tiere. Hrsg. Walser K. und Bostedt H., Ferdinand Enke Verlag, Stuttgart, pp. 260-

335.

- Bettinelli L. (1991): Pathologisch-anatomische Veränderungen an der Vormagenschleimhaut von Kälbern in den ersten vier Lebenswochen. Vet. med. Diss. München.

- Braun J.P., Tainturier D., Laugier C., Bénard P., Thouvenot J.P., Rico A.G. (1982): Early variations of blood plasma gamma-glutamyl transferase in newborn calves - a test of colostrum intake. J. Dairy Sci. 65: 2178-2181.

- Breukink H.J., Wensing Th., van Weeren-Keverling Buisman A., van Bruinessen-Kapsenberg E.G., de Visser N.A.P.C. (1988): Consequences of failure of the reticular groove reflex in veal calves fed milk replacer. Veterinary Quarterly 10: 126-135.

- Bruinessen-Kapsenberg E.G. van, Wensing Th., Breukink H.J. (1982): Indigestionen der Mastkälber infolge fehlenden Schlundrinnenreflexes. Tierärztl. Umschau 37: 515-517.

- De Morais H.S.A (1992): Mixed acid-base disorders. In: Fluid Therapy in Small Animal Practice. Ed. Di Bartola S.P., W.B. Saunders, Philadelphia, pp. 276-296.

- De Morais, H.S.A. (1997): Acidosis, metabolic. In: Tilley L.P., Smith, Jr. F.W.K.: The 5 Minute Veterinary Consult. Canine and Feline. Williams & Wilkins, Baltimore, pp. 182-183.

- Di Bartola S.P. (1992a): Metabolic acidosis. In: Fluid Therapy in Small Animal Practice. Ed. Di Bartola S.P., W.B. Saunders, Philadelphia, pp. 216-243.

- Di Bartola S.P. (1992b): Introduction to acid-base disorders. In: Fluid Therapy in Small Animal Practice. Ed. Di Bartola S.P., W.B. Saunders, Philadelphia, pp. 193-215.

- Di Nubile M.J. (1988): The increment in the anion gap: overextension of a concept? Lancet: 951-953.

- Dirksen G., Baur T. (1991): Pansenazidose beim Milchkalb infolge Zwangsfütterung. Tierärztl. Umschau 46: 257-261.

- Dirr L. (1988): Untersuchungen über die Dysfunktion des Schlundrinnenreflexes beim jungen Kalb. Vet. med. Diss. München.

- Dirr L., Dirksen G. (1989): Dysfunktion der Schlundrinne ("Pansentrinken") als Komplikation der Neugeborenendiarrhö beim Kalb. Tierärztl. Prax. 17: 353-358.

- Doll K. (1990): "Trinkschwäche"/ Anorexie beim neugeborenen Kalb: Ursachen, Folgen und Behandlung. Prakt. Tierarzt 72, Collegium veterinarium XXI. 16-19.

- Emmett M., Narins R.G. (1977): Clinical use of the anion gap. Medicine 56: 38-54.

- Fencl V., Rossing T.H., (1989): Acid-base disorders in critical care medicine. Ann. Rev. Med. 40: 17-29.

- Fencl V., Leith D.E. (1993): Stewart's quantitative acid-base chemistry: Applications in biology and medicine. Resp. Physiol. 91: 1-16.

- Gabow P.A., Kaehny W.D., Fennessey P.V., Goodman S.I., Gross P.A., Schrier R.W. (1980): Diagnostic importance of an increased serum anion gap. N. Engl. J. Med. 303: 854-858.

- Geishauser Th., Thünker B. (1997): Metabolische Azidose bei neugeborenen Kälbern mit Durchfall - Abschätzung an Saugreflex oder Stehvermögen. Prakt. Tierarzt 78: 600-605.

- Gentile A., Rademacher G., Seemann G., Klee W. (1998): Systemische Auswirkungen der Pansenazidose im Gefolge von Pansentrinken beim Milchkalb. Tierärztl. Prax. 26 (G): 205-209.

- George J.W. (1986): Water, electrolytes, and acid base. In: Veterinary Laboratory Medicine. Clinical Pathology. Eds. Duncan J.R. and Prasse K.W., 2nd ed., Iowa State University Press, Ames, Iowa, pp. 87-103.

- Grove-White D.H. (1998): Monitoring and management of acidosis in calf diarrhoea. J. R.. Soc. Med. 91: 195-198.

- Hänichen T., Bettinelli L., Dirksen G., Hermanns W. (1992): Hyperkeratose und Entzündung der Vormagenschleimhaut von jungen Milchkälbern nach "Pansentrinken". Tierärztl. Umschau 47: 623-627.

- Halperin M.L., Goldstein M.B. (1994): Fluid, Electrolyte, and Acid-Base Physiology. A Problem-Based Approach. 2nd ed., W.B. Saunders, Philadelphia, pp. 43-144.

- Hartmann H., Berchtold J., Hofmann W. (1997): Pathophysiologische Aspekte der Azidose bei durchfallkranken Kälbern. Tierärztl. Umschau 52: 568-574.

- Iberti T.J., Leibowitz A.B., Papadakos P.J. (1990): Low sensitivity of the anion gap as a screen to detect hyperlactatemia in critically ill patients. Crit. Care Med. 18: 275-277.

- Jaksch W, Glawischnig E. (1981): Klinische Propädeutik der inneren Krankheiten und Hautkrankheiten der Haustiere. Pareys Studientexte 5, 2. Aufl., Verlag Paul Parey, Berlin und Hamburg, p 74

- Kasari T.R., Naylor J.M. (1986): Further studies on the clinical features and clinicopathological findings of a syndrome of metabolic acidosis with minimal dehydration in neonatal calves. Can. J. Vet. Res. 50: 502-508.

- Kasari T.R. (1990): Metabolic acidosis in diarrheic calves: The importance of alkalinizing agents in therapy. Vet. Clin. North Am. [Food Anim. Pract.] 6: 29-43.

- Leith D.E. (1991): The new acid-base: power and simplicity. New Orleans, LA, Proc. 9th ACVIM Forum, pp. 611-617.

- Lyford S.J., Huber J.T. (1988): Digestion, metabolism and nutrient needs in preruminants. In: The Ruminant Animal. Digestive Physiology and Nutrition. Ed. Church D.C., Prentice Hall, New Jersey, pp. 401-420.

- Malley W. (1990): Clinical acid base. In: Clinical Blood Gases, Application and Noninvasive Alternatives. W.B. Saunders, Toronto. p 221

- Narins R.G., Emmett M. (1980): Simple and mixed acid-base disorders: A practical approach. Medicine 59:161-187.

- Naylor J.M. (1987): Severity and nature of acidosis in diarrheic calves over and under one week of age. Can. Vet. J. 28: 168-173.

- Rademacher G. (1997): Pansentrinken beim Milchkalb: Ursachen, Diagnose, Therapie und Prognose. Tagungsbericht Schweizerische Tierärztetage. pp. 97-98.

- Roussel A.J. (1983): Principles and mechanics of fluid therapy in calves. Comp. Cont. Educ. Pract. Vet. 5: S332-S339.

- Ruckebusch, Y. (1988): Motility of the gastro-intestinal tract. In: The Ruminant Animal. Digestive Physiology and Nutrition. Ed. Church D.C., Prentice Hall, New Jersey, pp.64-107.

- Schalm O.W., Jain N.C., Carroll E.I. (1975): Veterinary Hematology. 3rd ed., Lea & Febiger, Philadelphia, pp. 16-81.

- Sicher D., Stocker H., Lutz H., Rüsch P.: Referenzwerte verschiedener Parameter im Blut und Harn bei gesunden Kälbern (in Bearbeitung).

- Stewart P.A. (1983): Modern quantitative acid-base chemistry. Can. J. Physiol. Pharmacol. 61: 1444-1461.

- Stocker H., Rüsch P. (1994): Chronische Verdauungsstörungen mit Pansensaft bekämpfen. Der Tierzüchter 46: 28-30.

- Stocker H. (1996): Stoffwechselimbalancen beim Kalb am Beispiel des Pansentrinkens. Fachtagung Stoffwechselimbalancen beim Rind vom 2.-3.11.1996 in Münster, Deutschland.

- Stocker H., Lutz H., Rüsch, P. (1999a): Clinical, haematological and biochemical findings in milk-fed calves with chronic indigestion. Vet. Rec. 145: 307-311.

- Stocker H., Lutz H., Kaufmann C., Rüsch, P. (1999b): Acid-base disorders in milk-fed calves with chronic indigestion. Vet. Rec. 145: 340-346.

- Tremblay R.R.M. (1990): Intravenous fluid therapy in calves. Vet. Clin. North Am. [Food Anim. Pract.] 6: 77-101.

- Weeren-Keverling Buisman A. van, Noordhuizen-Stassen E.N., Breukink H.J., Wensing Th., Mouwen J.M.V.M. (1988): Villus atrophy in ruminal drinking calves and mucosal restoration after reconditioning. Veterinary Quarterly 10: 164-171.

- Weeren-Keverling Buisman A. van (1989): Ruminal drinking in veal calves. Proefschrift Utrecht.

- Whitehair K.J., Haskins S.C., Whitehair J.G., Pascoe P.J. (1995): Clinical applications of quantitative acid-base chemistry. J. Vet. Int. Med. 9: 1-11.

- Wise G.H., Anderson G.W. (1939): Factors affecting the passage of liquids into the rumen of the dairy calf. I. Method of administering liquids: Drinking from open pail versus sucking through a rubber nipple. J. Dairy Sci. 22: 697-705.

- Wise G.H., Anderson G.W., Linnerud A.C. (1984): Relationship of milk intake by sucking and by drinking to reticular-groove reactions and ingestion behavior in calves. J. Dairy Sci. 67: 1983-1992.

5. Klinisch-neurologischer Untersuchungsgang beim Kalb

Einleitung

Bei festliegenden Kälbern mit Verdacht auf eine neurologische Krankheitsursache stellt die neurologische Untersuchung einen zentralen Bestandteil der Diagnostik dar. Es muss aber berücksichtigt werden, dass ganz junge, gesunde Kälber physiologischerweise bei der Reflexprüfung zum Teil andere Reaktionen zeigen als ältere Kälber (OLIVER UND MAYHEW, 1987). Die Angaben zu diesen Altersunterschieden in der Literatur sind aber eher vage. So entstand im Laufe der Untersuchungen an Patienten mit spinaler Muskelatrophie (SMA) und spinaler Dymyelinisierung (SDM) das Bedürfnis nach Referenzwerten für den klinisch-neurologischen Untersuchungsgang beim Kalb. Die zu diesem Zweck durchgeführten Untersuchungen und deren Resultate werden im Folgenden dargestellt und diskutiert. Ein Teil der Resultate dieser Untersuchungen wurde bereits publiziert (STOCKER ET AL., 2000).

Tiere, Material und Methoden

Tiere

Die Untersuchungen wurden an fünf männlichen und sieben weiblichen Kälbern mit komplikationslosen Geburten durchgeführt. Zwei Tiere gehörten zur Rasse Braunvieh, die anderen zehn Kälber waren Kreuzungen der Rassen Braunvieh x Schweizer Fleckvieh. Die Kälber wurden in einer Gruppe von 10 bis 15 Tieren auf Tiefstreue gehalten und konnten von einem Automaten Vollmilch *ad libitum* aufnehmen. Zwei Tiere litten ab dem achten bzw. zwölften Lebenstag während je vier Tagen an einem leichtgradigen Durchfall, der jedoch das Allgemeinbefinden nicht beeinträchtigte. Die anderen Kälber waren während der gesamten Untersuchungsperiode gesund.

Untersuchungszeitpunkte

Jedes Kalb wurde sieben Mal untersucht, und zwar zu folgenden Zeitpunkten (Geburt = Tag 0): 24 - 36 Stunden (Tag 1) und 48 - 60 Stunden (Tag 2) nach der Geburt sowie an den Tagen 7, 14, 21, 28 und 42, mit einer möglichen Variation von ±1 Tag.

Untersuchungsschema

Das Untersuchungsschema beruhte auf entwickelten Grundlagen von VANDEVELDE UND FANKHAUSER (1987) sowie OLIVER ET AL. (1997). Es wurden nur solche Kriterien und Tests in das Untersuchungsschema aufgenommen, die beim Kalb auch durchführbar und beurteilbar sind. Die Untersuchungen und die Interpretation der Befunde erfolgten nach VANDEVELDE UND FANKHAUSER (1987). Abweichungen werden besonders erwähnt.

Das Untersuchungsschema ist in folgende fünf Abschnitte gegliedert: Adspektion und Palpation, Haltungs- und Stellreaktionen, Sensibilität, spinale Reflexe und Kopfnerven. Ziel der neurologischen Untersuchung ist es festzustellen, ob es sich um ein Problem im Bereich des Nervensystems handelt und welcher Abschnitt des Nervensystems betroffen ist sowie das Ausmass der Läsion abzuschätzen. Weiter soll die Ursache oder der pathologische Prozess bestimmt und die Prognose ohne oder mit verschiedenen möglichen Therapien abgeschätzt werden (OLIVER ET AL., 1997). Die Interpretation der Befunde der einzelnen Untersuchungsschritte soll es ermöglichen, neurologische Störungen möglichst genau zu lokalisieren. Durch Testen der Muskelstreckreflexe ist es zum Beispiel möglich, die Funktion gewisser Segmente der grauen Substanz des Rückenmarks, der zugehörigen Wurzeln und Nerven direkt und einfach zu prüfen (VANDEVELDE UND FANKHAUSER, 1987). Als anderes Beispiel sei der Drohreflex genannt. Die normale Reflexantwort auf eine plötzliche Bewegung mit der Hand in Richtung des Auges ist das Schliessen der Augenlider und eventuell ein Seitwärtsrücken des Kopfes. Voraussetzung für diesen Reflex ist eine intakte Sehbahn sowie eine nicht gestörte Funktion von Facialiskern und -nerv für die Innervation der Augenlider (VANDEVELDE UND FANKHAUSER, 1987).

1. Adspektion und Palpation

Bewusstsein und Verhalten   0 normal
                             0 Apathie
                             0 Stupor
                             0 Koma
                             0 Übererregtheit
                             0 Aggressivität
                             0 Kompulsivbewegungen
                             0 Schreckhaftigkeit
                             0 ....

Haltung   0 normal
                             0 Kopfschiefhaltung nach links / rechts
                             0 Kopfseitenhaltung nach links / rechts

```
                    0 Lordose
                    0 Kyphose
                    0 Skoliose
                    0 Umfallen
                    0 ...........................
```

Stehfähigkeit   0 stehfähig
                           0 festliegend

Aufstellversuch:

Umfangsvermehrungen des Schädels   0 ja
                                              0 nein

Palpation der Wirbelsäule: Umfangsvermehrungen   0 ja
                                                    0 nein
                             Krepitation   0 ja
                                                    0 nein
                             Konturstörungen   0 ja
                                                    0 nein

Abnorme Muskelaktivitäten   0 keine
                                   0 Tetanie
                                   0 Faszikulation
                                   0 Fibrillation

Gang   0 normal
                                   0 Parese
                                   0 Paralyse
                                   0 Hypometrie
                                   0 Hypermetrie
                                   0 Ataxie
                                   0 Lahmheit
                                   0 ....

Muskelatrophie   0 ja
                                   0 nein

Sekundäre Effekte   0 Abschürfungen der Haut
                                   0 Übermässige Abnützung der Klauen
                                   0 ....

                              155

2. Haltungs- und Stellreaktionen

Korrekturreaktionen
- Überköten   0 korrigiert normal
                       0 korrigiert nicht normal

- Überkreuzen der Beine   0 korrigiert normal
                           0 korrigiert nicht normal

- Ausweichreaktion vorne   0 korrigiert normal
                           0 korrigiert nicht normal

- Ausweichreaktion hinten 0 korrigiert normal
                           0 korrigiert nicht normal

    Die Prüfung der Ausweichreaktion erfolgte nach MAYHEW (1989): Stossen gegen die Schulter oder gegen das Becken und Zug am Schwanz im Stehen und während dem Gehen.

Aufrichtreaktion   0 vorhanden
                          0 nicht vorhanden

3. Sensibilität

Oberflächenschmerz   0 normal
                          0 Hypalgesie
                          0 Analgesie
                          0 Hyperästhesie

Tiefenschmerz   0 normal
                          0 Hypalgesie
                          0 Analgesie

4. Spinale Reflexe

a) Einteilung der Reaktionsstärke in fünf Grade:
0 = keine Reaktion
1 = knapp sichtbare Reaktion
2 = deutlich sichtbare Reaktion, aber langsame und kurze Bewegung der Gliedmasse
3 = rasche und weite Bewegung der Gliedmasse
4 = überschiessende, fast explosionsartige Reaktion

Reflex (Rückenmarksegmente)	Reaktionsstärke	
	links	rechts
Patellarreflex (L_4-L_5)		
Tibialis cranialis-Reflex (L_5-S_3)		
Achillessehnenreflex (L_5-S_3)		
Flexorreflex vorne (C_6-T_2)		
Flexorreflex hinten (L_5-S_3)		
Kron- und Ballenreflex vorne (C_6-T_2)		
Kron- und Ballenreflex hinten (L_5-S_3)		
Trizepsreflex (C_7-T_1)		
Extensor carpi radialis-Reflex (C_7-T_1)		

b) Einteilung der Reaktion in zwei Grade (positiv/negativ)

Reflex	Reaktion	
	links	rechts
Gekreuzter Extensor-Flexor-Reflex (abnormer Reflex) vorne	0 positiv 0 negativ	0 positiv 0 negativ
Gekreuzter Extensor-Flexor-Reflex (abnormer Reflex) hinten	0 positiv 0 negativ	0 positiv 0 negativ
Pannikulusreflex (C_8-T_1)	0 positiv 0 negativ	0 positiv 0 negativ
Analreflex (S_1-S_3)	0 positiv 0 negativ	0 positiv 0 negativ
Vulvareflex (S_1-S_3)	0 positiv 0 negativ	0 positiv 0 negativ

c) Vorgehen bei der Prüfung der spinalen Reflexe

Zur Reflexprüfung wurden die Tiere in Seitenlage gebracht und jede Prüfstelle fünfmal mit dem Reflexhammer beklopft bzw. die Tiere wurden an der Prüfstelle fünfmal mit einer Arterienklemme leicht gereizt (Abbildungen 1-4):

Patellarreflex: Massnahme: Beklopfen des mittleren Kniescheibenbandes mit dem Reflexhammer. Überprüfung: Kontraktion von Quadrizepsmuskel mit Nachvorneschleudern des Unterschenkels.

Tibialis cranialis-Reflex: Massnahme: Beklopfen des *M. tibialis cranialis*. Überprüfung: Beugung des Sprunggelenks.

Achillessehnenreflex: Massnahme: Beklopfen der Achillessehne knapp oberhalb des Fersenhöckers. Überprüfung: Leichtgradige Kontraktion des *M. gastrocnemius* (normal: leichtgradige Streckung des Tarsalgelenks).

Flexorreflex: Massnahme: Kneifen der Zwischenklauenhaut. Überprüfung: Anziehen der Gliedmasse (normal: ruckartig).

Kron- und Ballenreflex: Massnahme: Kneifen der Haut im Bereich des Kronsaumes. Überprüfung: Anziehen der Gliedmasse (normal: ruckartig).

Trizepsreflex: Massnahme: Beklopfen der Trizepssehne knapp oberhalb des Olekranons. Überprüfung: Streckung des Ellenbogens.

Extensor carpi radialis-Reflex: Massnahme: Beklopfen des *M. extensor carpi radialis* knapp unterhalb des Ellenbogens. Überprüfung: Streckung des Carpus.

Pannikulusreflex: Massnahme: Berühren, leichtes Drücken oder Kneifen der Haut mit einer Arterienklemme in der Rücken- oder Flankengegend von der Kreuzregion bis knapp kaudal der Schulterblätter. Überprüfung: Kontraktion der Hautmuskeln über dem Rücken.

Gekreuzter Extensor-Flexor-Reflex: Massnahme: Stimulation wie beim Flexorreflex. Überprüfung: Anziehen der stimulierten und Streckung der kontralateralen Gliedmasse.

Analreflex: Massnahme: Berühren, leichtes Drücken oder Kneifen der Anal- oder Perianalgegend. Überprüfung: Kontraktion des Sphinkters und Niederdrücken des Schwanzes.

Vulvareflex: Massnahme: Berühren, leichtes Drücken oder Kneifen der Vulva. Überprüfung: Kontraktion und Dorsalverschiebung.

Falls die Reaktionen auf die fünfmaligen Reizungen unterschiedlich ausfielen, wurde der am häufigsten beobachtete Grad als Resultat notiert.

Falls bei der Prüfung des Flexor- oder des Kron- und Ballenreflexes dreimal hintereinander eine Reaktion dritten oder vierten Grades auftrat, wurde auf weitere Reizungen an dieser Stelle verzichtet. Bei der Prüfung des gekreuzten Extensor-Flexor-Reflexes sowie des

Anal- und des Vulvareflexes wurde lediglich das Vorhandensein oder Ausbleiben einer Reflexantwort notiert.

Beim Pannikulusreflex wurde notiert, ob eine Reflexantwort durch Berühren (Testmethode 1), leichtes Drücken (Testmethode 2) oder Kneifen (Testmethode 3) mit einer Klemme ausgelöst werden konnte.

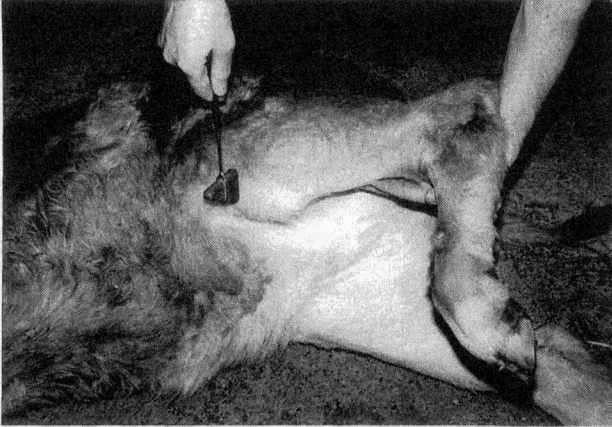

Abbildung 1: Untersuchung des Patellarreflexes. Beklopfen des mittleren Kniescheibenbandes mit dem Reflexhammer. Kontraktion des Quadrizepsmuskels und Nachvorneschleudern des Unterschenkels

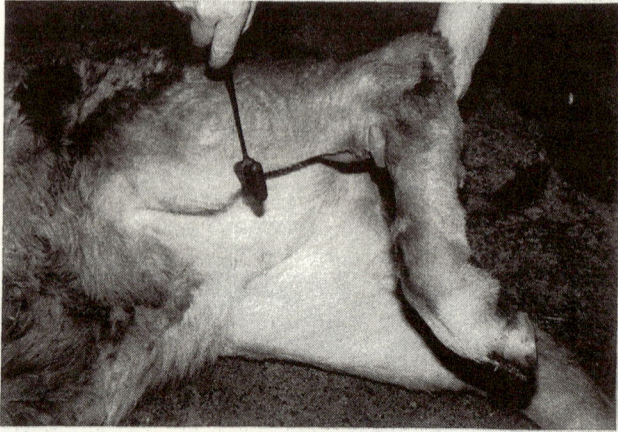

Abbildung 2: Untersuchung des Tibialis cranialis-Reflexes. Beklopfen des *M. tibialis cranialis*. Beugung des Sprunggelenks

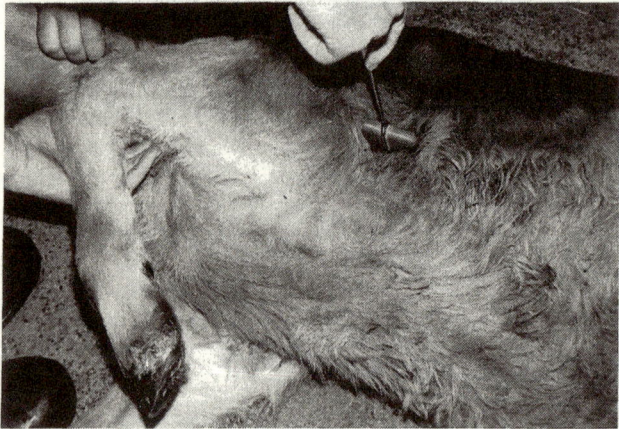

Abbildung 3: Untersuchung des Trizepsreflexes. Beklopfen der Trizepssehne knapp oberhalb des Olekranons. Streckung des Ellenbogengelenks

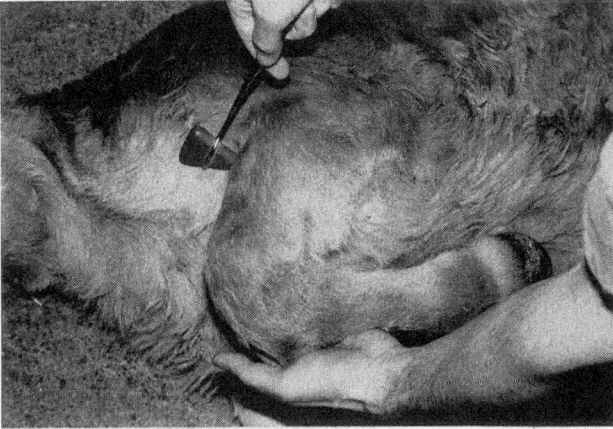

Abbildung 4: Untersuchung des Extensor carpi radialis-Reflexes. Beklopfen des *M. extensor carpi radialis* knapp unterhalb des Ellenbogens. Streckung des Karpalgelenks

5. Kopfnerven

Gesichtssinn (II)	0 Tier sieht	Drohreflex	0 positiv
	0 Tier blind		0 negativ
			0 inkonstant/unvollständig

| Augenbewegungen (III, IV, VI) | | Schielen | 0 ja |
| | | | 0 nein |

Pupille (III)	Mydriase	0 ja
		0 nein
	Miose	0 ja
		0 nein
	Anisokorie	0 ja
		0 nein
	Pupillenstarre	0 ja
		0 nein
	Pupillarreflex (direkter)	0 positiv
		0 negativ
		0 verzögert
	Pupillarreflex (indirekter)	0 positiv
		0 negativ
		0 verzögert

Kaubewegungen (V)	Kaumuskulatur	0 symmetrisch
		0 asymmetrisch
	Kaumuskeltonus	0 normal
		0 erhöht
		0 reduziert
Gesichtsausdruck (Mimik; VII)	Stellung der Augenlider	0 symmetrisch
		0 asymmetrisch
	Stellung der Nasenlöcher	0 symmetrisch
		0 asymmetrisch
	Stellung der Lippen	0 symmetrisch
		0 asymmetrisch
	Stellung der Ohren	0 symmetrisch
		0 asymmetrisch
	Drohreflex	0 positiv
		0 negativ
		0 inkonstant/unvollständig
	Orbicularis oculi-Reflex	0 positiv
		0 negativ
Schmerzempfindung		
im Kopfbereich (V, X)	Keratitis	0 ja
		0 nein
	Verletzung der Zunge	0 ja
		0 nein

	Schmerzempfindlichkeit der Kopfhaut	0 normal
		0 verändert
	Cornealreflex	0 positiv
		0 negativ
Gehör (VIII)		0 positiv
		0 reduziert
		0 taub

Gleichgewicht (VIII)	Kopfhaltung	0 normal
		0 schief
	Umfallen	0 ja
		0 nein
	Physiologischer Nystagmus	0 ja
		0 nein
	Spontaner Nystagmus (pathologisch)	0 ja
		0 nein
	Positionsnystagmus (pathologisch)	0 ja
		0 nein

Schlucken (IX, X)	Schluckbeschwerden	0 ja
		0 nein

Zungenbewegungen (XII)

Schwierigkeiten bei der Futter- und Wasseraufnahme		0 ja
		0 nein
Schwierigkeiten beim Kauen und Abschlucken		0 ja
		0 nein

Tränen- und Speichelfluss (VII)	Speichelfluss	0 normal
		0 reduziert
	Tränenfluss	0 normal
		0 reduziert

Viszerale Motorik (X)	Bradykardie	0 ja
		0 nein
	Darmperistaltik	0 normal
		0 vermindert
		0 gesteigert

Halsmuskulatur (XI)		0 normal
		0 Muskelatrophie

Statistische Auswertung

Als Reaktionsstärke für die Gliedmassenreflexe (ohne den gekreuzten Extensor-Flexor-Reflex) wurde das arithmetische Mittel der Reaktionsstärke der linken und der rechten Gliedmasse verwendet. Mit dem Statistikprogramm Statistix® (Anonym, 1996) wurden die Resultate für die Patellar-, Tibialis cranialis-, Achillessehnen-, Flexor-, Kron- und Ballen-, Trizeps- sowie Extensor carpi radialis-Reflexe in Form von Box-und-Whisker-Plots dargestellt. Die horizontalen Linien der Box repräsentieren, von unten nach oben, das 1. Quartil, den Median bzw. das 3. Quartil; die vertikalen Linien oberhalb und unterhalb der Box, die sog. "whiskers", geben den Bereich "typischer" Daten an. Extremwerte werden als "*" für mögliche Ausreisser und "o" für wahrscheinliche Ausreisser angegeben. Mit Statistix® wurden bei diesen Reflexen auch der Median sowie Minimum und Maximum der Reaktionsstärke berechnet und zur Prüfung auf Unterschiede der Reaktionsstärke zwischen verschiedenen Untersuchungstagen der Friedmann-Test durchgeführt. Paarweise Vergleiche der Medianwerte erfolgten nach Wilcoxon und Wilcox (SACHS, 1978) mit n=12 (Anzahl Tiere) und k=7 (Anzahl Untersuchungen je Tier).

Resultate

Adspektion und Palpation

Bewusstsein und Verhalten waren ausnahmslos ungestört. An den ersten beiden Untersuchungstagen fiel bei allen Tieren der für junge Kälber typische spastisch wirkende Gang auf. An den Tagen 7, 14 und 21 war dies noch bei acht, sieben bzw. fünf Tieren der Fall. Die Untersuchung der anderen Parameter ergab keine auffälligen Befunde.

Haltungs- und Stellreaktionen

Das passive Überköten und Überkreuzen der Gliedmassen wurde von allen Tieren sofort korrigiert. Auch die Ausweichreaktion war in allen Fällen unauffällig. Wenn die Tiere passiv in Seitenlage gebracht wurden, konnten sie sich jedesmal ohne Hilfe in Sternallage bringen (Aufrichtreaktion).

Sensibilität

Die Prüfung der Schmerzempfindung ergab bei zwei Kälbern 24 bis 36 Stunden nach der Geburt nur eine schwache Reaktion. Zu allen andern Zeitpunkten konnte bei allen Kälbern eine deutliche Schmerzreaktion beobachtet werden.

Spinale Reflexe

Tabelle 1 zeigt die Medianwerte sowie die Minima und Maxima der Reaktionsstärken der spinalen Reflexe von Nachhand und Vorhand mit Ausnahme des gekreuzten Extensor-Flexor-Reflexes. Im Anhang sind die Reaktionsstärken für jedes einzelne Kalb und zu jedem Zeitpunkt, getrennt für die linke und rechte Gliedmasse, für jeden dieser Reflexe aufgeführt (Anhang Tabellen 1a-1i). Weiter findet sich im Anhang die Häufigkeitsverteilung der Reaktionsstärke der verschiedenen Reflexe zu den verschiedenen Untersuchungszeitpunkten (Anhang Tabellen 2a-2i).

Tabelle 1: Medianwerte (Minima, Maxima) der Reaktionsstärken verschiedener spinaler Reflexe an sieben Untersuchungstagen bei 12 gesunden Kälbern (arithmetisches Mittel von linker und rechter Gliedmasse)

Reflex	Tag 1	Tag 2	Tag 7	Tag 14	Tag 21	Tag 28	Tag 42
Patellar-Reflex	3.5[a] (2, 4)	3[ab] (2.5, 4)	3[abc] (2, 3)	2.5[abcd] (1.5, 3)	2.5[bcd] (1.5, 3.5)	2[cd] (1, 3)	1.5[d] (1, 2.5)
Tibialis cranialis-Reflex	1.5 (1, 2)	1.25 (1, 2)	1.5 (1, 2)	1 (1, 1.5)	1 (1, 2)	1 (1, 1.5)	1 (1, 1.5)
Achillessehnen-Reflex	1 (1, 1.5)	1 (0, 1.5)	1 (1, 1)	1 (1, 1)	1 (1, 1)	1 (0.5, 1.5)	1 (0.5, 1)
Flexor-Reflex vorne	3.5[a] (2.5, 4)	3.25[ab] (3, 4)	3[ab] (1.5, 4)	3[ab] (2.5, 4)	3[b] (2, 3.5)	3[b] (1.5, 3)	3[ab] (2, 4)
Flexor-Reflex hinten	4[a] (3, 4)	3.5[ab] (2.5, 4)	3[ab] (2.5, 4)	3.25[ab] (2.5, 4)	3[b] (1.5, 4)	3[b] (2, 3.5)	3[b] (2, 3)
Kron- und Ballen-Reflex vorne	3.5[a] (0, 4)	3[ab] (1.5, 4)	2.75[ab] (1, 3.5)	2.5[ab] (0.5, 3.5)	2.25[ab] (0, 3.5)	2, 3.5[b] 1.5[b] (0.5, 3)	2, 3[b] 1.75[ab] (0, 3.5)
Kron- und Ballen-Reflex hinten	3[a] (0.5, 4)	2.5[ab] (0.5, 3.5)	1.25[b] (0, 3)	1.75[ab] (0.5, 3)	1.5[b] (0, 3.5)	1.75[ab] (0.5, 3)	1.5[b] (0, 3.5)
Trizeps-Reflex	2 (1, 2)	1.5 (0.5, 3.5)	1.5 (0, 3)	1 (0.5, 3)	1 (0, 3.5)	1.25 (0, 3)	1 (0, 3)
Extensor carpi radialis-Reflex	2[a] (1, 2.5)	2[ab] (1.5, 2)	2[ab] (1, 2)	2[ab] (1, 2)	1.5[ab] (1, 2)	1.25[b] (1, 2)	1.25[ab] (1, 2)

0 = keine Reaktion
1 = knapp sichtbare Reaktion
2 = deutlich sichtbare Reaktion, aber langsame und kurze Bewegung der Gliedmasse
3 = rasche und weite Bewegung der Gliedmasse
4 = überschiessende, fast explosionsartige Reaktion

[abcd] Unterschiedliche Indizes in der selben Zeile bedeuten signifikant verschiedene Reaktionsstärken ($P < 0.05$)

Die statistische Untersuchung ergab, ausser für den Tibialis cranialis-Reflex, Achillessehnenreflex und den Trizepsreflex, bei allen Reflexen signifikante Unterschiede in der Reaktionsstärke zwischen verschiedenen Untersuchungszeitpunkten. Der Verlauf der Reaktionsstärke bei der Untersuchung des Patellarreflexes sowie des Flexorreflexes an der Vordergliedmasse ist in den Abbildungen 5 und 6 in Form von Box-und-Whisker-Plots dargestellt.

Die Reaktionsstärke des Patellarreflexes nahm im Verlauf der Untersuchungsperiode kontinuierlich ab (Abbildung 5). Während der Median am ersten Tag 3.5 betrug (rasche, weite Bewegung der Gliedmasse bis überschiessende Reaktion), lag er am Tag 42 bei 1.5 (knapp bis deutlich sichtbare Reaktion, aber langsame und kurze Bewegung der Gliedmasse). Am ersten Untersuchungstag wurde bei acht und am zweiten Untersuchungstag bei drei Tieren an einer oder an beiden Gliedmassen die Reaktionsstärke 4 festgestellt (überschiessende, fast explosionsartige Reaktion). An den Tagen 21 und 28 wurde nur noch bei einem Tier eine Reaktionsstärke über 2.5 erhoben.

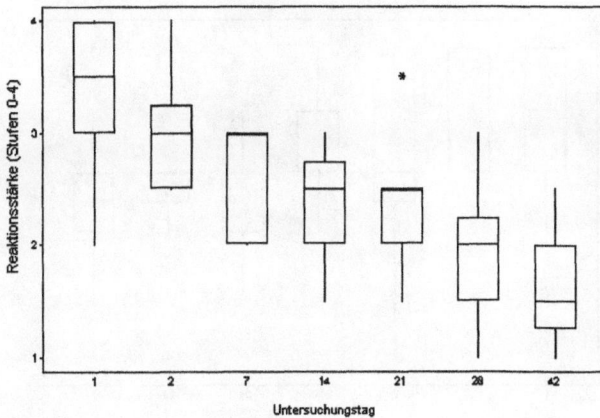

Abbildung 5: Veränderungen der Reaktionsstärke innerhalb des Patellarreflexes bei 12 gesunden Kälbern in Abhängigkeit vom Alter (Tage nach der Geburt)

Beim Tibialis cranialis-Reflex war die Reaktionsstärke nie grösser als 2 (deutlich sichtbare Reaktion, aber langsame und kurze Bewegung der Gliedmasse). Der Median betrug an den Tagen eins, zwei und sieben 1.5, 1.25 bzw. 1.5 und ab Tag 14 konstant 1 (knapp sichtbare Reaktion). Während die statistische Untersuchung mit dem Friedmann-Test signifikante Unterschiede in der Reaktionsstärke zwischen verschiedenen Untersuchungszeitpunkten ergab, konnte dies mittels paarweiser Vergleiche der Medianwerte nicht gezeigt werden.

Ein verhältnismässig einheitliches Bild ergab sich beim Achillessehnen-reflex. Der Median betrug zu allen Untersuchungszeitpunkten 1. Das arithmetische Mittel der Reaktionsstärke von linker und rechter Gliedmasse war nie grösser als 1.5.

Die Untersuchung des Flexorreflexes ergab an den Vorder- und Hintergliedmassen ein ähnliches Bild (Abbildung 6); der Median der Reaktionsstärke war an den ersten beiden Untersuchungstagen 3.25 bis 4. Ab Tag 7 blieb er - mit Ausnahme von Tag 14 - an den Hintergliedmassen bei 3.

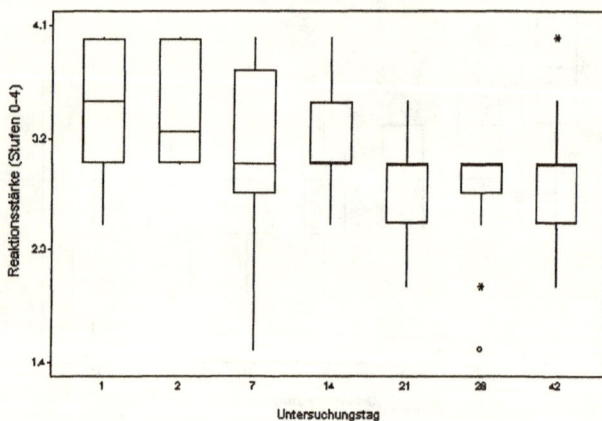

Abbildung 6: Veränderungen der Reaktionsstärke innerhalb des Flexorreflexes an der Vordergliedmasse bei 12 gesunden Kälbern in Abhängigkeit vom Alter (Tage nach der Geburt)

Die Untersuchungsergebnisse des Kron- und Ballenreflexes fielen durch ihre grosse Streuung auf, wogegen die Resultate der Vorder- und Hintergliedmassen sehr ähnlich waren. Der Median fiel mit 3.5 bzw. 3 am Tag 1 am höchsten aus und ging bis zum Tag 42 auf 1.75 bzw. 1.5 zurück. An den Vordergliedmassen war die Reaktion in der Regel etwas stärker als an den Hintergliedmassen.

Die Reaktionsstärke bei der Untersuchung des Trizepsreflexes und des Extensor carpi radialis-Reflexes hielt sich in engen Grenzen. Es wurde nie eine Reaktionsstärke von kleiner als 1 oder grösser als 2 beobachtet. Der Median fiel im Verlauf der Untersuchungsperiode von 2 auf 1 bzw. 1.25 leicht ab. Während die statistische Analyse beim Extensor carpi radialis-Reflex signifikante Unterschiede zwischen verschiedenen Untersuchungstagen ergab, war dies beim Trizepsreflex nicht der Fall.

Die Resultate der Untersuchung des gekreuzten Extensor-Flexor-Reflexes sind in Tabelle 2 zusammengefasst. Im Anhang sind die Reaktionen für jedes einzelne Kalb und zu jedem Zeitpunkt (Anhang Tabellen 3a und 3b) sowie die Häufigkeitsverteilung der Reaktion (Anhang Tabellen 4a und 4b) getrennt für die linke und rechte Gliedmasse dargestellt. An den Vordergliedmassen war die Reaktion an allen Untersuchungstagen bei mindestens acht Tieren beidseitig positiv, an den Hintergliedmassen war sie an den ersten beiden Untersuchungstagen bei sieben bzw. acht Tieren beidseitig positiv und ab Tag 14 bei mindestens acht Kälbern beidseitig negativ.

Die Untersuchung des Pannikulus-, Anal- und Vulvareflexes ergab bei allen Tieren zu jedem Zeitpunkt eine positive Reaktion. Aus Tabelle 3 geht hervor, auf welche Weise beim Pannikulusreflex eine Reaktion hervorgerufen werden konnte. Bei etwa der Hälfte der Tiere konnte er jeweils durch Berührung der Haut ausgelöst werden. War dies nicht möglich, blieb meistens auch auf ein leichtes Drücken mit einer Klemme eine Reizantwort aus. Hingegen konnte durch leichtes Kneifen eine Reflexreaktion ausgelöst werden. Aus Tabelle 3 geht weiter hervor, dass bezüglich der Reaktion auf verschiedene Testmethoden zwischen den sieben Untersuchungstagen keine nennenswerten Unterschiede bestanden.

Tabelle 2: Häufigkeit der Reaktionen von 12 gesunden Kälbern bei der Prüfung des gekreuzten Extensor-Flexor-Reflexes an sieben Untersuchungstagen

Gliedmasse	Reaktion	Anzahl Kälber						
		Tag 1	Tag 2	Tag 7	Tag 14	Tag 21	Tag 28	Tag 42
Vorder-	beidseitig positiv	10	11	10	8	10	9	9
gliedmasse	einseitig positiv	2	1	1	2	2	2	1
	beidseitig negativ	0	0	1	2	0	1	2
Hinter-	beidseitig positiv	7	8	4	4	1	2	0
gliedmasse	einseitig positiv	3	1	3	0	2	0	1
	beidseitig negativ	2	3	5	8	9	10	11

Tabelle 3: Reaktionen[a] bei der Prüfung des Pannikulusreflexes bei 12 gesunden Kälbern

Testmethode[b]	Anzahl Kälber						
	Tag 1	Tag 2	Tag 7	Tag 14	Tag 21	Tag 28	Tag 42
Pannikulus-	1	7	6	5	6	3	6	4
reflex vor-	2	1	1	1	3	3	1	1
handen	3	4	5	6	3	6	5	7

[a] Die Häufigkeiten beziehen sich auf die sanfteste Methode, die eine Reaktion auszulösen vermochte

[b] 1 = Berühren der Haut
2 = leichter Druck
3 = Kneifen mit einer Klemme

Kopfnerven

Die Resultate der Prüfung des Drohreflexes zu den verschiedenen Untersuchungszeitpunkten sind in den Tabellen 4a und 4b getrennt für das linke und das rechte Auge zusammengefasst und im Anhang (Tabelle 5) für jedes einzelne Kalb und für jeden Zeitpunkt dargestellt. Am ersten Untersuchungstag konnte am linken Auge bei elf und am rechten Auge bei zehn Tieren keine Reaktion festgestellt werden (Tabellen 4a und 4b). Bei einem bzw. zwei Tieren war der Drohreflex zu diesem Zeitpunkt inkonstant und unvollständig. Am zweiten Untersuchungstag wurde am linken und am rechten Auge bei je zehn Kälbern kein Drohreflex und bei zwei Tieren ein inkonstanter und unvollständiger Drohreflex beobachtet. Eine erste positive Reaktion wurde am Tag 7 bei einem Tier beidseitig festgestellt. Am Tag 14 war der Drohreflex bei drei Tieren an beiden Augen positiv, bei einem Tier an beiden Augen negativ. Bei den übrigen Kälbern wurden zu diesem Zeitpunkt am linken und am rechten Auge unterschiedliche Reaktionen oder inkonstante und unvollständige Reflexreaktionen beobachtet. An den Tagen 21, 28 bzw. 42 war der Drohreflex bei sieben, 11 bzw. allen 12 Kälbern beidseitig positiv.

Tabelle 4a: Reaktionen bei der Prüfung des Drohreflexes am linken Auge bei 12 gesunden Kälbern

Reaktion	Drohreflex am linken Auge						
	Tag 1	Tag 2	Tag 7	Tag 14	Tag 21	Tag 28	Tag 42
keine Reaktion	11	10	9	2	0	0	0
inkonstante/unvollständige Reaktion	1	2	2	5	4	1	0
positive Reaktion	0	0	1	5	8	11	12

Tabelle 4b: Reaktionen bei der Prüfung des Drohreflexes am rechten Auge bei 12 gesunden Kälbern

Reaktion	Drohreflex am rechten Auge						
	Tag 1	Tag 2	Tag 7	Tag 14	Tag 21	Tag 28	Tag 42
keine Reaktion	10	10	8	2	0	0	0
inkonstante/unvollständige Reaktion	2	2	3	7	4	1	0
positive Reaktion	0	0	1	3	8	11	12

Der direkte Pupillarreflex war bei einem Tier an den ersten beiden Untersuchungstagen verzögert, ebenso der indirekte Pupillarreflex. Letzterer war bei einem weiteren Tier zu diesen Zeitpunkten verzögert. Bei den übrigen zehn Tieren waren beide Reflexe zu allen Zeitpunkten normal. Die Untersuchung der übrigen Kopfnerven ergab in keinem Fall abnorme Befunde.

Diskussion

Der Neurostatus des Jungtieres weist gegenüber demjenigen des adulten Tieres verschiedene Besonderheiten auf. Von praktischer Bedeutung für den Kliniker sind vor allem die unterschiedlichen Reflexreaktionen. Gemäss verschiedenen Angaben ist der Patellarreflex, bzw. sind die Muskelstreckreflexe oder generell die spinalen Reflexe beim neugeborenen Fohlen, Kalb und Zicklein gesteigert (ADAMS UND MAYHEW, 1984; OLIVER UND MAYHEW, 1987; MAYHEW, 1989). Nur an einer Literaturstelle wird eine zeitliche Begrenzung mit einem Monat angegeben (OLIVER UND MAYHEW, 1987).

In unseren Untersuchungen an Kälbern waren die Intensitäten der Patellar-, Tibialis cranialis-, Flexor-, Kron- und Ballen-, Trizeps- und Extensor carpi radialis-Reflexe nach der Geburt während unterschiedlichen Zeitspannen erhöht. Nur bei der Untersuchung des Achillessehnenreflexes konnte keine gesteigerte Reaktion festgestellt werden.

Die Reaktionsstärke des Patellarreflexes nahm über einen Monat hinaus bis zum Tag 42 kontinuierlich ab. Die Flexor- und die Tibialis cranialis-Reflexe blieben jedoch schon ab Tag 7 bzw. 14 mehr oder weniger unverändert. Besonders auffällig war die starke Reizantwort bei den Patellar-, Flexor- sowie Kron- und Ballenreflexen an den ersten beiden Untersuchungstagen. Sie darf bei neugeborenen Kälbern daher nicht als pathologisch gewertet werden. Wenn der Gang und die Haltungs- und Stellreaktionen normal sind, kann gefolgert werden, dass auch der Reflex normal ist (OLIVER ET AL., 1997). Über die Ursache der physiologisch gesteigerten Reflexe beim neugeborenen Kalb bestehen unseres Wissens keine Angaben. Beim neugeborenen Fohlen wird diesbezüglich eine mangelhafte Reife des oberen motorischen Neurons als Ursache genannt, sei es wegen mangelhafter Myelinisierung, inkompletter anatomischer Verbindungen im Kleinhirn, Unreife inhibitorischer Neurotransmittersysteme oder einer Kombination dieser Faktoren (ADAMS UND MAYHEW, 1984). Einen möglichen Hinweis auf eine noch nicht ausgereifte Funktion des oberen motorischen Neurons lieferte auch der an den ersten beiden Untersuchungstagen bei allen

Patienten festgestellte spastisch wirkende Gang. Dieser ist ein Zeichen eines erhöhten Extensormuskeltonus (MAYHEW, 1989). Letzteres ist die Folge einer unvollständigen Funktion des oberen motorischen Neurons.

Eine schwache Reizantwort darf nicht voreilig als Hyporeflexie interpretiert werden. Unsere Untersuchungen haben nämlich gezeigt, dass die Reaktionsstärke zwischen Tieren aber auch beim selben Tier zu verschiedenen Zeitpunkten variieren kann. Zudem können methodische Schwierigkeiten (z.B. bei ängstlichen und verspannten Kälbern) zu vermeintlich reduzierten Reaktionen führen.

Nach OLIVER ET AL. (1997) ist der Patellarreflex der am einfachsten zu interpretierende Streckreflex, während die Achillessehnen-, Tibialis cranialis-, Trizeps- und Extensor carpi radialis- Reflexe schwieriger zu beurteilen sind. In unseren Untersuchungen war der Patellarreflex ebenfalls am einfachsten zu interpretieren. Das mittlere Kniescheibenband war leicht auffindbar, so dass die Untersuchung keine Schwierigkeiten bereitete. Diese Reflexaktion war auch am Tag 42 noch eindeutig feststellbar, wenn auch deutlich schwächer als zu den früheren Zeitpunkten. Die Achillessehne war ebenfalls leicht zu lokalisieren. Der Reflexverlauf war aber oft so schwach, dass das Resultat schwierig einzuordnen war. Der Achillessehnenreflex scheint deshalb für die Diagnostik von neurologischen Erkrankungen weniger wertvoll.

Die Tibialis cranialis-, Trizeps- und Extensor carpi radialis-Reflexe sind etwas schwieriger zu prüfen als der Patellarreflex, da die zu beklopfende Stelle genau lokalisiert und exakt getroffen werden muss. Bei der fünfmaligen Wiederholung der Reflexprüfung zu jedem Untersuchungszeitpunkt zeigte es sich aber, dass die Resultate auch bei diesen Reflexen reproduzierbar waren. Die Prüfung dieser Reflexe ist somit durchaus lohnend.

Der Flexorreflex gilt als zuverlässig (OLIVER UND MAYHEW, 1987), was aufgrund der eigenen Untersuchungen bestätigt werden kann. In seltenen Fällen reagierten die Kälber allerdings auf den Reiz vorerst gar nicht, zeigten dann aber bei der Wiederholung eine heftige Reaktion. Diese Beobachtung wurde auch beim Kron- und Ballenreflex gemacht, bei beiden Reflexen aber nur in der Liegeposition. Wenn bei diesen Tieren daraufhin diese beiden Reflexe im Stehen getestet wurden, waren die Resultate immer eindeutig positiv. Dies zeigt, dass eine Wiederholung der Tests wichtig ist, um falsche Schlüsse zu vermeiden. Die Resultate der Untersuchungen des Kron- und Ballenreflexes wiesen eine grössere Streuung auf als diejenigen des Flexorreflexes, weshalb letzterer als zuverlässiger anzusehen ist.

Laut Literaturangaben ist ein erkennbarer gekreuzter Extensor-Flexor-Reflex im Liegen bei Fohlen und Kälbern in den ersten drei bis vier Lebenswochen physiologisch, danach aber pathologisch (ADAMS UND MAYHEW, 1984; OLIVER UND MAYHEW, 1987; VANDEVELDE UND FANKHAUSER, 1987; MAYHEW, 1989; OLIVER ET AL., 1997). In der vorliegenden Studie zeigten die meisten Tiere an den Vordergliedmassen bis zum Tag 42 einen gekreuzten Extensor-Flexor-Reflex. An den Hintergliedmassen wurde dieser Reflex hingegen ab Tag 14 bei der Mehrheit der Tiere nicht mehr beobachtet.

Der Drohreflex war am Tag 7 erst bei einem und am Tag 14 bei drei Tieren an beiden Augen positiv. Während einer relativ langen Übergangsphase vom Tag 7 bis Tag 21 reagierten eine unterschiedliche Anzahl Kälber beidseitig negativ, beidseitig positiv, nur einseitig positiv oder inkonstant und unvollständig. Diese Resultate stehen in einem gewissen Gegensatz zu Angaben im Schrifttum, wonach der Drohreflex bei Kälbern etwa ab dem Alter von einer Woche positiv ist (OLIVER UND MAYHEW, 1987). Neuere Untersuchungen beim Fohlen ergaben, dass der Drohreflex im Alter von ein bis neun Tagen auftritt (ENZERINK, 1998). Das verzögerte Auftreten des Drohreflexes wurde einerseits mit einer Unreife des Kleinhirns bei der Geburt erklärt (ADAMS UND MAYHEW, 1984) und andererseits damit, dass dieser Reflex vom Neugeborenen erst erlernt werden muss (ROBERTS, 1993). Das Kleinhirn des Kalbes ist, wie auch jenes anderer Tierarten und des Menschen, bei der Geburt noch nicht voll entwickelt (DE LAHUNTA, 1983).

Ein verzögerter Pupillarreflex ist bei neugeborenen Kälbern keine Seltenheit (DIVERS, 1986). Ursache dieser Reaktion ist möglicherweise ein erhöhter Sympathikotonus bei ängstlichen Tieren.

Die Befunde zeigen, dass bei der Interpretation von Reflexreaktionen das Alter der Kälber berücksichtigt werden muss. Eine erhöhte Aktivität der Gliedmassenreflexe ist in den ersten Lebenstagen bis -wochen physiologisch. Der Grad der erhöhten Reizantwort und die Zeitdauer ihres allmählichen Nachlassens sind jedoch nicht einheitlich, sondern je nach Reflex unterschiedlich. Das Auftreten des Drohreflexes ist hauptsächlich in der Zeitspanne vom 7. bis zum 21. Tag nach der Geburt zu erwarten. Inkonstante und unvollständige Reaktionen sind jedoch schon im Alter von 24 bis 36 Stunden möglich.

Zusammenfassung

Laut Literaturangaben ist die Intensität der Muskelstreckreflexe und anderer spinaler Reflexe beim Kalb im ersten Lebensmonat im Vergleich zu später gesteigert. Der Drohreflex ist etwa ab der zweiten Lebenswoche positiv. Um genauere Angaben über die Entwicklung der Reaktionsstärke in Abhängigkeit des Alters zu erhalten, wurde bei 12 gesunden Kälbern zwischen 24 und 36 Stunden, zwischen 48 und 60 Stunden nach der Geburt sowie 7, 14, 28 und 42 Tage nach der Geburt eine vollständige neurologische Untersuchung durchgeführt. Die folgenden spinalen Reflexe wurden geprüft: Patellar-, Tibialis cranialis-, Achillessehnen-, Flexor-, Kron- und Ballen-, Trizeps-, Extensor carpi radialis-, gekreuzter Extensor-Flexor-, Pannikulus-, Anal- und Vulvareflex. Die Reaktionsstärke des Patellarreflexes nahm bis zum Tag 42 kontinuierlich ab. Die Flexor- und Tibialis cranialis-Reflexe blieben jedoch schon ab Tag 7 bzw. 14 mehr oder weniger unverändert. Besonders auffällig war die erhöhte Reizantwort an den ersten beiden Untersuchungstagen bei Auslösung der Patellar-, Flexor- und Kron- und Ballenreflexe. Die statistische Auswertung ergab für die Patellar-, Flexor-, Kron- und Ballen- sowie Extensor carpi radialis-Reflexe signifikante Unterschiede zwischen verschiedenen Untersuchungszeitpunkten. Am zuverlässigsten zu interpretieren waren der Patellar- und der Flexorreflex. Die Tibialis cranialis-, Trizeps- und Extensor carpi radialis-Reflexe waren hingegen etwas schwieriger zu prüfen, lieferten aber dennoch zuverlässige Resultate. Der Achillessehnenreflex war in der Regel sehr schwach und scheint daher für die Diagnostik weniger wertvoll.

Unsere Untersuchungen haben gezeigt, dass die Abnahme der Reflexintensität verschiedener spinaler Reflexe in den ersten Lebenswochen allmählich erfolgt und zu unterschiedlichen Zeitpunkten abgeschlossen ist.

Der Drohreflex war am Tag 7 erst bei einem Tier positiv. Am Tag 14 war er bei drei Kälbern an beiden Augen positiv und bei einem Tier an beiden Augen negativ. Bei den übrigen Kälbern wurden zu diesem Zeitpunkt am linken und am rechten Auge unterschiedliche oder nur inkonstante und unvollständige Reaktionen beobachtet. Bei den meisten Kälbern trat der Drohreflex erstmals in der Zeitspanne vom 7. bis zum 21. Tag nach der Geburt auf.

Literatur

- Adams R., Mayhew I.G. (1984): Neurological examination of newborn foals. Equine vet. J. 16: 306-312.

- Anonym (1996): Statistix® für Windows (Analytical Software, Tallahassee FL).

- de Lahunta A. (1983): Cerebellum. In: Veterinary Neuroanatomy and Clinical Neurology. 2nd ed., W.B. Saunders, Philadelphia, pp. 255-278.

- Divers T.J. (1986): Neurologic examination of cattle. In: Current Veterinary Therapy. Food Animal Practice 2. Ed. Howard J.L., W.B. Saunders, Philadelphia, pp. 848-884.

- Enzerink E. (1998): The menace response and pupillary light reflex in neonatal foals. Equine vet. J. 30: 546-548.

- Mayhew I.G. (1989): Neurologic evaluation. In: Large Animal Neurology. A Handbook for Veterinary Clinicians. Ed. Mayhew, I.G., Lea & Febiger, Philadelphia, pp. 15-47.

- Oliver J.E., Mayhew I.G. (1987): Neurologic examination and the diagnostic plan. In: Oliver J.E., Hoerlein B.F., Mayhew I.G.: Veterinary Neurology. Ed. Pedersen D., W.B. Saunders, Philadelphia, pp. 7-56.

- Oliver J.E., Lorenz M.D., Kornegay J.N. (1997): Handbook of Veterinary Neurology. 3rd ed., W.B. Saunders, Philadelphia, pp. 3-46.

- Roberts S.M. (1993): Ocular disorders. In: Equine Reproduction. Eds. McKinnon A.O. and Voss J.L., Lea & Febiger, Philadelphia, London, pp. 1076-1087.

- Sachs L. (1978): Angewandte Statistik. Statistische Methoden und ihre Anwendungen. 5. Aufl., Springer-Verlag, Berlin, pp. 426-429.

- Stocker H., Steffen F., Sicher D., Rüsch P. (2000): Spinale Reflexe beim Kalb in den ersten sechs Lebenswochen. Tierärztl. Prax. 28 (G): 1-6.

- Vandevelde M., Fankhauser R. (1987): Einführung in die veterinärmedizinische Neurologie. Pareys Studientexte 57, Verlag Paul Parey, Berlin und Hamburg, pp. 19-46.

SCHLUSSFOLGERUNGEN

Aufgrund der vorliegenden Untersuchungen können hinsichtlich des Leitsymptoms „Festliegen" beim Kalb folgende Aussagen gemacht werden:

- Festliegen ist ein häufiges Symptom bei Kälberpatienten unter Klinikbedingungen. Ausführliche Kenntnisse über die wichtigsten Differentialdiagnosen sind daher von einiger Bedeutung.

- Es gibt sehr viele Krankheiten, die zum Festliegen führen. Das Symptom Festliegen allein sagt nichts aus über die Prognose. Eine gründliche Abklärung ist daher wichtig.

- Es gibt Krankheiten, die in einem fortgeschrittenen Stadium immer zum Festliegen führen (z.B. SMA und SDM), bei anderen Krankheiten ist Festliegen ein wichtiges Begleitsymptom (z.B. bei der chronischen Indigestion).

- Die wichtigste diagnostische Massnahme nach einer sorgfältigen Erhebung der Anamnese bei festliegenden Kälbern ist eine gründliche klinische Allgemeinuntersuchung. Diese führt in den meisten Fällen zu einer Diagnose oder Verdachtsdiagnose.

- Die Diagnosen der SMA und der SDM können klinisch nur als Verdachtsdiagnosen gestellt werden und müssen durch histopathologische Untersuchungen bestätigt werden. Die charakteristischen Symptome erlauben es dem erfahrenen Kliniker aber, diese Krankheiten mit grosser Sicherheit zu erkennen. Einen zusätzlichen Hinweis gibt die Abstammung.

- Die hämatologischen und blutchemischen Untersuchungen sowie die Liquoruntersuchungen ergeben keine charakteristischen Befunde für die SMA und die SDM.

- Bei festliegenden Kälbern mit gestörtem Allgemeinzustand muss immer eine metabolische Azidose in Betracht gezogen werden, da der hauptsächliche klinische Effekt einer Azidose in einer Depression des zentralen Nervensystems besteht.

- Die neurologische Untersuchung stellt bei festliegenden Kälbern einen wichtigen Bestandteil der Diagnostik dar.

- Der Neurostatus des Jungtieres weist gegenüber dem adulten Tier Besonderheiten auf, wie zum Beispiel eine gesteigerte Intensität der Muskelstreckreflexe in den ersten Lebenswochen und einen abwesenden Drohreflex während etwa einer bis zu drei Wochen nach der Geburt. Daher muss bei der

Interpretation von Reflexreaktionen das Alter der Kälber berücksichtigt werden.

- Die tiefen Selenkonzentrationen im Blutserum von klinisch gesunden Kälbern zeigen, dass der Selenversorgung der Kälber Beachtung geschenkt werden muss. Ohne Selensupplementation befinden sich möglicherweise viele Kälber in der Schweiz in einem suboptimalen Bereich der Versorgung und sind somit einem erhöhten Krankheitsrisiko ausgesetzt.

ZUSAMMENFASSUNG

Im Durchschnitt der Jahre 1989 bis 1997 waren 40% der Kälberpatienten an der Klinik für Geburtshilfe, Jungtier- und Euterkrankheiten bei der Einweisung in die Klinik festliegend. In diesem Zeitabschnitt traten in der Schweiz zwei bis dahin unbekannte Erbkrankheiten, die spinale Muskelatrophie (SMA) und die spinale Dysmyelinisierung (SDM), auf. Beide Krankheiten führen zum Festliegen. Dies gab Anlass zu einer intensiveren Auseinandersetzung mit dem Leitsymptom "Festliegen" beim Kalb.

In der vorliegenden Arbeit werden die wichtigsten Differentialdiagnosen beschrieben, die laut Literaturangaben bei Kälbern zum Festliegen führen können. In einem zweiten Teil werden eigene Untersuchungen zur spinalen Muskelatrophie, spinalen Dysmyelinisierung, chronischen Indigestion und zur Selenversorgung von Kälbern vorgestellt. Der Schwerpunkt dieser Untersuchungen richtete sich auf die Beschreibung des klinischen Bildes und der Befunde der Laboranalysen sowie auf neurologische (SMA, SDM) Abklärungen. Bei Kälbern mit chronischer Indigestion wurden die Ursachen der metabolischen Azidose differenziert. Um die Interpretation von Reflexreaktionen bei jungen Kälbern zu erleichtern, wurden Referenzwerte zum klinisch-neurologischen Untersuchungsgang erhoben.

Als Hauptursachen für die metabolische Azidose bei chronischer Indigestion wurden eine hyperchlorämische Azidose, vermutlich durch einen Bikarbonatverlust, und eine Azidose durch unidentifizierte Anionen festgestellt.

Die Selenbestimmungen im Blutserum ergaben bei klinisch gesunden, nicht mit Selen vorbehandelten Kontrollkälbern, tiefe Werte mit einem Mittelwert von 14.5 µg/l, was darauf hinweist, dass der Selenversorgung der Kälber Beachtung geschenkt werden muss.

Die neurologischen Untersuchungen an gesunden Kälbern zeigten, dass die Abnahme der Reflexintensität verschiedener spinaler Reflexe in den ersten Lebenswochen allmählich erfolgt und zu unterschiedlichen Zeitpunkten abgeschlossen ist. Das erstmalige Auftreten des Drohreflexes ist hauptsächlich in der Zeitspanne vom 7. bis zum 21. Tag nach der Geburt zu erwarten.

Es wird empfohlen, festliegende Kälber frühzeitig untersuchen und, falls erfolgversprechend, behandeln zu lassen, damit sich die Prognose nicht unnötig verschlechtert.

DANK

An dieser Stelle möchte ich allen danken, die mir bei der Realisierung der vorliegenden Arbeit in irgendeiner Weise geholfen haben.

Mein besonderer Dank gilt Herrn Prof. Dr. P. Rüsch für die Einräumung der akademischen Freiheit, die diese Arbeit ermöglichte, und für die mir jederzeit gewährte Unterstützung.

Ausserdem möchte ich folgenden Personen oder Institutionen danken:

- All meinen MitarbeiterInnen des Departementes für Fortpflanzungskunde, speziell Frau Dr. C. Kaufmann und Herrn Dr. D. Sicher für ihre Unterstützung
- Dem Schweizerischen Verband für künstliche Besamung und dem Schweizerischen Braunviehzuchtverband für die Einweisung von festliegenden Kälbern
- Herrn Prof. Dr. A. Pospischil und seinen MitarbeiterInnen für die zahlreichen Sektionen
- Herrn Prof. Dr. H. Lutz und seinen MitarbeiterInnen für die zuverlässige Durchführung der Laboruntersuchungen
- Herrn PD Dr. R. Waelchli für die kritische Durchsicht des Manuskripts
- Herrn Prof. Dr. U. Braun für die kritische Durchsicht des Kapitels über den klinisch-neurologischen Untersuchungsgang
- Herrn Dr. P. Ossent und weiteren MitarbeiterInnen des Instituts für Veterinärpathologie für die kritische Durchsicht der Abschnitte, die sich mit ihrem Spezialgebiet befassen
- Herrn Dr. F. Steffen für die Beratung bei der neurologischen Untersuchung
- Den Herren Prof. Dr. E. Eggenberger und Dr. M. Hässig für die Beratung bei der statistischen Auswertung
- Herrn Prof. Dr. E. Scharrer für die Beratung bei der Analyse des Säuren-Basen-Haushalts
- Dem Pflegepersonal des Tierspitals für die zuverlässige Pflege der Patienten
- Frau A. Hug für die fotografischen Arbeiten
- Frau E. Menet für die kritische Durchsicht des Manuskripts
- Meiner Frau und meinen Kindern für ihre Geduld und zahlreiche Entbehrungen.

ANHANG

Tabelle 1a: Patellarreflexe[a] bei 12 gesunden Kälbern

Kalb	Patellarreflex links							Patellarreflex rechts						
	Tag 1	Tag 2	Tag 7	Tag 14	Tag 21	Tag 28	Tag 42	Tag 1	Tag 2	Tag 7	Tag 14	Tag 21	Tag 28	Tag 42
1	4	4	3	3	2	2	1	4	4	3	3	2	3	2
2	3	3	3	3	2	2	1	3	3	3	3	3	3	2
3	4	3	3	2	3	2	2	4	3	3	3	2	2	2
4	4	3	2	2	1	1	1	3	3	2	1	2	1	1
5	3	2	2	2	2	2	1	3	3	2	2	3	2	1
6	2	2	3	2	2	2	1	2	3	3	3	3	2	2
7	3	3	2	2	2	1	2	3	3	2	2	3	1	1
8	4	4	3	3	4	3	2	4	4	3	3	3	3	3
9	4	3	3	2	2	2	2	4	4	3	3	2	2	2
10	3	2	2	3	2	2	2	4	3	2	2	3	2	1
11	3	2	3	2	1	1	3	4	3	3	2	2	2	1
12	4	3	3	2	2	2	1	3	3	3	2	2	1	1
Median	3.5	3	3	2	2	2	1.5	3.5	3	3	2.5	2.5	2	1.5
(Min.,Max.)	(2, 4)	(2, 4)	(2, 3)	(2, 3)	(1, 4)	(1, 3)	(1, 3)	(2, 4)	(3, 4)	(2, 3)	(1, 3)	(2, 3)	(1, 3)	(1, 3)

[a] Einteilung der Reaktionsstärke:
0 = keine Reaktion
1 = knapp sichtbare Reaktion
2 = deutlich sichtbare Reaktion, aber langsame und kurze Bewegung der Gliedmasse
3 = rasche und weite Bewegung der Gliedmasse
4 = überschiessende, fast explosionsartige Reaktion

Tabelle 1b: Tibialis cranialis-Reflexe[a] bei 12 gesunden Kälbern

Kalb	Tibialis cranialis-Reflex links							Tibialis cranialis-Reflex rechts						
	Tag 1	Tag 2	Tag 7	Tag 14	Tag 21	Tag 28	Tag 42	Tag 1	Tag 2	Tag 7	Tag 14	Tag 21	Tag 28	Tag 42
1	1	1	1	1	1	1	1	1	1	1	2	2	1	1
2	1	1	2	1	1	1	1	2	1	2	1	1	1	1
3	2	2	1	2	2	1	1	2	2	2	1	1	1	1
4	2	2	2	1	1	1	1	2	1	2	1	2	1	1
5	2	2	2	1	2	2	1	1	1	1	1	1	1	1
6	2	1	2	1	1	2	1	1	1	1	1	1	1	1
7	1	2	1	1	2	1	1	1	1	1	1	1	1	1
8	1	2	2	1	1	1	1	1	1	1	1	1	1	1
9	2	1	3	1	1	1	1	1	1	1	1	1	1	1
10	1	1	1	1	1	1	1	1	1	1	1	1	1	1
11	2	2	2	1	1	1	2	2	1	1	2	1	1	2
12	1	1	1	2	1	1	1	1	1	1	1	1	1	1
Median (Min.,Max.)	1.5 (1, 2)	1.5 (1, 2)	2 (1, 3)	1 (1, 2)	1 (1, 2)	1 (1, 2)	1 (1, 2)	1 (1, 2)	1 (1, 2)	1 (1, 2)	1 (1, 2)	1 (1, 2)	1 (1, 1)	1 (1, 1)

[a] Einteilung der Reaktionsstärke: siehe Tabelle 1a

Tabelle 1c: Achillessehnen-Reflexe[a] bei 12 gesunden Kälbern

Kalb	Achillessehnen-Reflex links							Achillessehnen-Reflex rechts						
	Tag 1	Tag 2	Tag 7	Tag 14	Tag 21	Tag 28	Tag 42	Tag 1	Tag 2	Tag 7	Tag 14	Tag 21	Tag 28	Tag 42
1	1	0	1	1	1	2	1	1	1	1	1	1	1	1
2	1	0	1	1	1	1	1	1	0	1	1	1	1	1
3	1	2	1	1	1	1	1	1	1	1	1	1	0	1
4	1	1	1	1	1	1	1	1	1	1	1	1	1	1
5	1	1	1	1	1	1	1	1	1	1	1	1	1	1
6	1	1	1	1	1	1	1	1	1	1	1	1	1	1
7	1	1	1	1	1	1	1	1	1	1	1	1	1	1
8	2	1	1	1	1	1	1	1	1	1	1	1	1	1
9	1	1	1	1	1	1	1	1	1	1	1	1	1	1
10	1	1	1	1	1	1	1	1	1	1	1	1	1	0
11	1	1	1	1	1	1	1	1	1	1	1	1	1	1
12	1	1	1	1	1	1	1	1	1	1	1	1	1	1
Median (Min.,Max.)	1 (1, 2)	(0, 2)	(1, 1)	(1, 1)	(1, 1)	(1, 2)	(1, 1)	1 (1, 1)	(0, 1)	(1, 1)	(1, 1)	(1, 1)	(0, 1)	(0, 1)

[a] Einteilung der Reaktionsstärke: siehe Tabelle 1a

Tabelle 1d: Flexor-Reflexe[a] an den Vordergliedmassen bei 12 gesunden Kälbern

Kalb	Flexor-Reflex vorne links							Flexor-Reflex vorne rechts						
	Tag 1	Tag 2	Tag 7	Tag 14	Tag 21	Tag 28	Tag 42	Tag 1	Tag 2	Tag 7	Tag 14	Tag 21	Tag 28	Tag 42
1	3	3	3	3	3	3	3	3	3	3	3	3	3	3
2	3	3	3	3	2	3	3	3	3	3	3	3	3	2
3	4	4	3	3	2	3	3	4	4	3	3	2	3	3
4	4	3	3	3	3	2	4	3	3	3	3	3	2	4
5	4	4	4	4	3	3	3	4	4	4	4	3	3	3
6	4	4	4	4	3	3	3	4	4	4	4	3	3	3
7	4	4	4	4	3	3	4	4	4	4	3	4	3	3
8	4	4	3	3	3	3	1	4	4	3	3	3	3	3
9	3	3	1	3	3	3	3	3	3	3	3	3	2	3
10	3	3	2	3	2	3	3	4	3	1	2	3	3	2
11	3	3	3	3	3	3	3	4	3	4	4	3	3	3
12	3	4	2	4	1	2	2	2	3	3	3	3	1	2
Median	3.5	3.5	3	3	3	3	3	4	3	3	3	3	3	3
(Min.,Max.)	(3, 4)	(3, 4)	(1, 4)	(3, 4)	(1, 3)	(2, 3)	(1, 4)	(2, 4)	(3, 4)	(1, 4)	(2, 4)	(2, 4)	(1, 3)	(2, 4)

[a] Einteilung der Reaktionsstärke: siehe Tabelle 1a

Tabelle 1e: Flexor-Reflexe[a] an den Hintergliedmassen bei 12 gesunden Kälbern

Kalb	Flexor-Reflex hinten links								Flexor-Reflex hinten rechts						
	Tag 1	Tag 2	Tag 7	Tag 14	Tag 21	Tag 28	Tag 42		Tag 1	Tag 2	Tag 7	Tag 14	Tag 21	Tag 28	Tag 42
1	3	3	3	3	3	3	3		4	3	3	3	3	3	3
2	3	4	3	3	2	3	2		3	1	3	2	2	3	3
3	4	4	3	3	3	3	2		4	3	3	3	3	3	3
4	4	3	3	3	3	3	2		3	3	3	3	3	3	4
5	4	3	4	4	3	4	2		4	4	4	4	3	3	3
6	4	4	4	4	3	3	3		4	3	4	4	3	3	3
7	4	4	4	3	4	3	3		4	4	4	4	4	2	3
8	4	4	3	3	3	4	1		4	4	3	3	4	3	3
9	4	4	3	3	3	2	3		4	4	3	3	2	2	3
10	3	3	3	4	3	3	3		4	4	3	3	2	2	3
11	4	4	2	4	3	2	3		4	4	3	4	3	2	3
12	3	4	3	4	1	3	1		3	3	2	4	2	3	3
Median	4	4	3	3	3	3	2.5		4	3	3	3	3	3	3
(Min.,Max.)	(3, 4)	(3, 4)	(2, 4)	(3, 4)	(1, 4)	(2, 4)	(1, 3)		(3, 4)	(1, 4)	(2, 4)	(2, 4)	(2, 4)	(2, 4)	(2, 4)

[a] Einteilung der Reaktionsstärke: siehe Tabelle 1a

Tabelle 1f: Kron- und Ballen-Reflexe[a] an den Vordergliedmassen bei 12 gesunden Kälbern

Kalb	Kron- und Ballen-Reflex vorne links							Kron- und Ballen-Reflex vorne rechts						
	Tag 1	Tag 2	Tag 7	Tag 14	Tag 21	Tag 28	Tag 42	Tag 1	Tag 2	Tag 7	Tag 14	Tag 21	Tag 28	Tag 42
1	3	2	3	3	3	3	3	4	2	3	3	2	3	2
2	3	2	3	4	2	3	2	3	1	2	3	2	3	2
3	4	3	3	2	1	2	3	4	3	3	2	1	2	3
4	3	3	3	3	3	3	4	3	3	3	3	3	3	3
5	4	4	1	4	3	1	0	4	4	4	2	3	1	0
6	4	3	3	3	3	2	1	4	4	4	4	4	1	0
7	4	4	4	4	3	2	1	4	4	2	1	3	1	1
8	4	3	2	2	3	3	1	3	4	1	3	4	3	1
9	0	3	1	1	1	0	2	0	2	2	0	1	1	2
10	1	3	1	2	0	1	1	3	3	1	2	1	0	2
11	3	2	3	1	1	3	3	4	2	3	3	2	0	3
12	3	4	2	1	0	0	0	1	3	2	2	0	1	1
Median	3	3	3	2.5	2.5	2	1.5	3.5	3	2.5	2.5	2	1	2
(Min.,Max.)	(0, 4)	(2, 4)	(1, 4)	(1, 4)	(0, 3)	(0, 3)	(0, 4)	(0, 4)	(1, 4)	(1, 4)	(0, 4)	(0, 4)	(0, 3)	(0, 3)

[a] Einteilung der Reaktionsstärke: siehe Tabelle 1a

Tabelle 1g: Kron- und Ballen-Reflexe[a] an den Hintergliedmassen bei 12 gesunden Kälbern

Kalb	Kron- und Ballen-Reflex hinten links							Kron- und Ballen-Reflex hinten rechts						
	Tag 1	Tag 2	Tag 7	Tag 14	Tag 21	Tag 28	Tag 42	Tag 1	Tag 2	Tag 7	Tag 14	Tag 21	Tag 28	Tag 42
1	3	2	3	1	2	3	2	4	2	3	1	1	3	1
2	2	1	0	4	2	3	3	3	1	0	2	2	3	2
3	3	3	2	2	2	2	2	4	3	3	3	1	2	3
4	3	3	3	2	3	2	2	3	3	2	2	3	2	3
5	4	3	1	1	2	1	1	4	4	1	2	2	1	0
6	3	1	3	1	0	0	1	3	1	1	1	1	0	0
7	4	3	1	0	3	0	1	4	4	4	1	2	1	0
8	3	1	0	2	3	2	0	3	1	1	3	4	3	1
9	0	0	0	3	0	2	1	1	1	1	2	1	0	2
10	2	1	1	0	2	2	2	3	1	1	1	1	2	2
11	3	3	1	2	0	3	3	4	4	2	3	2	0	3
12	3	3	1	0	0	0	0	1	3	1	1	0	3	0
Median	3	2.5	1	1.5	2	2	1.5	3	2.5	1	2	1.5	2	1.5
(Min.,Max.)	(0, 4)	(0, 3)	(0, 3)	(0, 4)	(0, 3)	(0, 3)	(0, 3)	(1, 4)	(1, 4)	(0, 4)	(1, 3)	(0, 4)	(0, 3)	(0, 3)

[a] Einteilung der Reaktionsstärke: siehe Tabelle 1a

Tabelle 1h: Trizeps-Reflexe[a] bei 12 gesunden Kälbern

Kalb	Trizeps-Reflex links							Trizeps-Reflex rechts						
	Tag 1	Tag 2	Tag 7	Tag 14	Tag 21	Tag 28	Tag 42	Tag 1	Tag 2	Tag 7	Tag 14	Tag 21	Tag 28	Tag 42
1	2	2	2	1	1	1	1	1	2	2	1	1	1	1
2	2	1	2	1	1	2	1	2	2	1	1	1	1	1
3	2	2	2	1	1	2	1	2	1	2	1	1	1	2
4	2	1	2	1	1	1	2	1	1	2	1	1	1	1
5	2	1	2	2	1	1	2	2	2	2	2	1	2	1
6	2	1	2	2	2	2	2	2	1	2	2	1	2	2
7	2	2	1	1	1	2	2	2	2	1	1	1	2	1
8	2	2	2	2	2	1	1	2	1	1	2	2	1	1
9	2	1	1	1	1	1	2	2	1	1	1	1	1	1
10	1	2	1	1	1	1	1	1	1	1	1	1	1	1
11	2	2	1	2	2	1	1	1	1	1	1	2	1	1
12	1	2	1	1	1	2	1	1	2	1	2	1	1	1
Median (Min.,Max.)	2 (1, 2)	2 (1, 2)	2 (1, 2)	1 (1, 2)	1 (1, 2)	1 (1, 2)	1 (1, 2)	2 (1, 2)	1 (1, 2)	1 (1, 2)	1 (1, 2)	1 (1, 2)	1 (1, 2)	1 (1, 2)

[a] Einteilung der Reaktionsstärke: siehe Tabelle 1a

Tabelle 1i: Extensor carpi radialis-Reflexe[a] bei 12 gesunden Kälbern

Kalb	Extensor carpi radialis-Reflex links							Extensor carpi radialis-Reflex rechts						
	Tag 1	Tag 2	Tag 7	Tag 14	Tag 21	Tag 28	Tag 42	Tag 1	Tag 2	Tag 7	Tag 14	Tag 21	Tag 28	Tag 42
1	2	2	2	2	2	1	2	2	2	2	2	2	1	1
2	3	1	2	2	2	2	1	2	2	2	1	2	1	1
3	2	2	1	1	1	1	2	2	2	2	1	1	1	2
4	2	2	2	2	2	1	2	2	2	2	2	2	1	2
5	2	2	2	2	1	1	2	2	2	2	2	2	2	2
6	2	2	2	2	2	2	2	2	2	2	2	2	1	2
7	2	2	1	2	1	1	2	2	1	2	2	1	2	2
8	2	2	2	2	2	2	1	2	2	1	2	2	1	1
9	2	2	2	1	2	1	1	2	1	1	1	1	1	1
10	1	2	1	2	1	1	1	1	1	1	2	1	1	1
11	2	2	1	2	1	2	1	2	2	1	1	1	1	1
12	2	2	2	2	1	2	1	2	2	2	2	1	1	1
Median (Min.,Max.)	2 (1,3)	2 (1,2)	2 (1,2)	2 (1,2)	1.5 (1,2)	1 (1,2)	1.5 (1,2)	2 (1,2)	2 (1,2)	2 (1,2)	2 (1,2)	1 (1,2)	1 (1,2)	1 (1,2)

[a] Einteilung der Reaktionsstärke: siehe Tabelle 1a

Tabelle 2a: Häufigkeitsverteilung der Reaktionsstärke des Patellarreflexes bei 12 gesunden Kälbern

Patellarreflex links

Reaktionsstärke	Tag 1	Tag 2	Tag 7	Tag 14	Tag 21	Tag 28	Tag 42
4	6	2			1	1	1
3	5	6	7	4	1		
2	1	4	5	8	8	8	5
1					2	3	6
0							
Median	3.5	3	3	2	2	2	1.5

Patellarreflex rechts

Reaktionsstärke	Tag 1	Tag 2	Tag 7	Tag 14	Tag 21	Tag 28	Tag 42
4	6	3				3	1
3	5	9	7	6	6		
2	1		5	5	6	6	5
1				1		3	6
0							
Median	3.5	3	3	2.5	2.5	2	1.5

Tabelle 2b: Häufigkeitsverteilung der Reaktionsstärke des Tibialis cranialis-Reflexes bei 12 gesunden Kälbern

Tibialis cranialis-Reflex links

Reaktionsstärke	Tag 1	Tag 2	Tag 7	Tag 14	Tag 21	Tag 28	Tag 42
4							
3			1				
2	6	6	6	2	3	2	1
1	6	6	5	10	9	10	11
0							
Median	1.5	1.5	2	1	1	1	1

Tibialis cranialis-Reflex rechts

Reaktionsstärke	Tag 1	Tag 2	Tag 7	Tag 14	Tag 21	Tag 28	Tag 42
4							
3							
2	4	1	3	2	2		
1	8	11	9	10	10	12	12
0							
Median	1	1	1	1	1	1	1

Tabelle 2c : Häufigkeitsverteilung der Reaktionsstärke des Achillessehnen-Reflexes bei 12 gesunden Kälbern

Reaktionsstärke	Achillessehnen-Reflex links							Achillessehnen-Reflex rechts						
	Tag 1	Tag 2	Tag 7	Tag 14	Tag 21	Tag 28	Tag 42	Tag 1	Tag 2	Tag 7	Tag 14	Tag 21	Tag 28	Tag 42
4														
3														
2	1	1				1								
1	11	9	12	12	12	11	12	12	11	12	12	12	11	11
0		2							1				1	1
Median	1	1	1	1	1	1	1	1	1	1	1	1	1	1

Tabelle 2d : Häufigkeitsverteilung der Reaktionsstärke des Flexorreflexes an den Vordergliedmassen bei 12 gesunden Kälbern

Reaktionsstärke	Flexorreflex vorne links							Flexorreflex vorne rechts						
	Tag 1	Tag 2	Tag 7	Tag 14	Tag 21	Tag 28	Tag 42	Tag 1	Tag 2	Tag 7	Tag 14	Tag 21	Tag 28	Tag 42
4	6	6	3	4	8		2	7	5	4	3	1		1
3	6	6	6	8	3	10	8	4	7	7	8	10	9	8
2			2		1	2	1	1			1	1	2	3
1			1				1			1			1	
0														
Median	3.5	3.5	3	3	3	3	3	4	3	3	3	3	3	3

Tabelle 2e : Häufigkeitsverteilung der Reaktionsstärke des Flexor-Reflexes an den Hintergliedmassen bei 12 gesunden Kälbern

Reaktionsstärke	Flexor-Reflex hinten links							Flexor-Reflex hinten rechts						
	Tag 1	Tag 2	Tag 7	Tag 14	Tag 21	Tag 28	Tag 42	Tag 1	Tag 2	Tag 7	Tag 14	Tag 21	Tag 28	Tag 42
4	8	8	3	5	1	2		9	5	2	5	2		1
3	4	4	8	7	9	8	6	3	6	9	6	6	8	11
2			1		1	2	4			1	1	4	4	
1					1		2		1					
0														
Median	4	4	3	3	3	3	2.5	4	3	3	3	3	3	3

Tabelle 2f : Häufigkeitsverteilung der Reaktionsstärke des Kron- und Ballen-Reflexes an den Vordergliedmassen bei 12 gesunden Kälbern

Reaktionsstärke	Kron- und Ballen-Reflex vorne links							Kron- und Ballen-Reflex vorne rechts						
	Tag 1	Tag 2	Tag 7	Tag 14	Tag 21	Tag 28	Tag 42	Tag 1	Tag 2	Tag 7	Tag 14	Tag 21	Tag 28	Tag 42
4	5	3	1	3			1	6	4	2	1	2		
3	5	6	6	3	6	5	3	4	4	4	5	3	4	3
2		3	2	3	1	3	2		3	4	4	3	1	4
1	1		3		3	2	4	1	1	2	1	1	5	3
0	1				2	2	2	1			1	2	1	2
Median	3	3	3	2.5	2.5	2	1.5	3.5	3	2.5	2.5	2	2	2

Tabelle 2g : Häufigkeitsverteilung der Reaktionsstärke des Kron- und Ballen-Reflexes an den Hintergliedmassen bei 12 gesunden Kälbern

Kron- und Ballen-Reflex hinten links

Reaktionsstärke	Tag 1	Tag 2	Tag 7	Tag 14	Tag 21	Tag 28	Tag 42
4	2						
3	7	6	3	1	3	3	2
2	2	1	1	4	5	5	4
1		4	5	3	4	1	4
0	1	1	3	3		3	2
Median	3	2.5	1	1.5	2	2	1.5

Kron- und Ballen-Reflex hinten rechts

Reaktionsstärke	Tag 1	Tag 2	Tag 7	Tag 14	Tag 21	Tag 28	Tag 42
4	5	3	1		1		
3	5	3	2	3	1	4	3
2	2	1	2	4	4	3	3
1		5	6	5	5	2	2
0			1		1	3	4
Median	3	2.5	1	2	1.5	2	1.5

Tabelle 2h : Häufigkeitsverteilung der Reaktionsstärke des Trizeps-Reflexes bei 12 gesunden Kälbern

Trizeps-Reflex links

Reaktionsstärke	Tag 1	Tag 2	Tag 7	Tag 14	Tag 21	Tag 28	Tag 42
4							
3							
2	10	7	7	4	3	5	5
1	2	5	5	8	9	7	7
0							
Median	2	2	2	1	1	1	1

Trizeps-Reflex rechts

Reaktionsstärke	Tag 1	Tag 2	Tag 7	Tag 14	Tag 21	Tag 28	Tag 42
4							
3							
2	7	5	5	4	2	3	2
1	5	7	7	8	10	9	10
0							
Median	2	1	1	1	1	1	1

Tabelle 2i : Häufigkeitsverteilung der Reaktionsstärke des Extensor carpi radialis-Reflexes bei 12 gesunden Kälbern

Reaktionsstärke	Extensor carpi radialis-Reflex links							Extensor carpi radialis-Reflex rechts						
	Tag 1	Tag 2	Tag 7	Tag 14	Tag 21	Tag 28	Tag 42	Tag 1	Tag 2	Tag 7	Tag 14	Tag 21	Tag 28	Tag 42
4														
3	1													
2	10	11	8	10	6	5	6	11	9	8	8	5	2	4
1	1	1	4	2	6	7	6	1	3	4	4	7	10	8
0														
Median	2	2	2	2	1.5	1	1.5	2	2	2	2	1	1	1

Tabelle 3a: Reaktion des gekreuzten Extensor-Flexor-Reflexes an den Vordergliedmassen bei 12 gesunden Kälbern

Kalb	Gekreuzter Extensor-Flexor-Reflex vorne links								Gekreuzter Extensor-Flexor-Reflex vorne rechts						
	Tag 1	Tag 2	Tag 7	Tag 14	Tag 21	Tag 28	Tag 42		Tag 1	Tag 2	Tag 7	Tag 14	Tag 21	Tag 28	Tag 42
1	pos.	pos.	pos.	pos.	pos.	pos.	pos.		neg.	pos.	pos.	neg.	neg.	pos.	pos.
2	pos.	pos.	neg.	neg.	pos.	pos.	pos.		pos.	neg.	neg.	neg.	pos.	pos.	pos.
3	pos.	pos.	pos.	pos.	pos.	pos.	pos.		pos.	pos.	pos.	pos.	pos.	pos.	pos.
4	pos.	pos.	pos.	pos.	pos.	pos.	neg.		pos.	pos.	pos.	pos.	pos.	pos.	pos.
5	neg.	pos.	neg.	pos.	pos.	pos.	neg.		pos.	pos.	pos.	neg.	pos.	pos.	neg.
6	pos.	pos.	pos.	neg.	pos.	pos.	neg.		pos.	pos.	pos.	neg.	pos.	neg.	neg.
7	pos.	pos.	pos.	pos.	neg.	pos.	pos.		pos.	pos.	pos.	pos.	pos.	neg.	pos.
8	pos.	pos.	pos.	pos.	pos.	neg.	pos.		pos.	pos.	pos.	pos.	pos.	neg.	pos.
9	pos.	pos.	pos.	pos.	pos.	pos.	pos.		pos.	pos.	pos.	pos.	pos.	pos.	pos.
10	pos.	pos.	pos.	pos.	pos.	pos.	pos.		pos.	pos.	pos.	pos.	pos.	pos.	pos.
11	pos.	pos.	pos.	pos.	pos.	pos.	pos.		pos.	pos.	pos.	pos.	pos.	pos.	pos.
12	pos.	pos.	pos.	pos.	pos.	pos.	pos.		pos.	pos.	pos.	pos.	pos.	pos.	pos.

Tabelle 3b: Reaktion des gekreuzten Extensor-Flexor-Reflexes an den Hintergliedmassen bei 12 gesunden Kälbern

Kalb	Gekreuzter Extensor-Flexor-Reflex hinten links							Gekreuzter Extensor-Flexor-Reflex hinten rechts						
	Tag 1	Tag 2	Tag 7	Tag 14	Tag 21	Tag 28	Tag 42	Tag 1	Tag 2	Tag 7	Tag 14	Tag 21	Tag 28	Tag 42
1	neg.	neg.	pos.	neg.	neg.	neg.	neg.	pos.	neg.	pos.	neg.	neg.	neg.	neg.
2	pos.	neg.	neg.	neg.	neg.	neg.	neg.	pos.	neg.	neg.	neg.	neg.	neg.	neg.
3	neg.	pos.	neg.	pos.	pos.	neg.	neg.	neg.	pos.	pos.	pos.	pos.	neg.	neg.
4	pos.	pos.	pos.	pos.	pos.	pos.	neg.	pos.	pos.	pos.	pos.	neg.	pos.	neg.
5	neg.	pos.	pos.	neg.	neg.	neg.	neg.	neg.	pos.	pos.	neg.	neg.	neg.	neg.
6	pos.	pos.	neg.	neg.	neg.	neg.	neg.	pos.	pos.	pos.	neg.	neg.	neg.	neg.
7	pos.	pos.	neg.	pos.	neg.	neg.	pos.	pos.	pos.	neg.	pos.	neg.	neg.	neg.
8	pos.	pos.	pos.	neg.	neg.	pos.	neg.	pos.	pos.	pos.	neg.	neg.	pos.	neg.
9	pos.	pos.	neg.	neg.	neg.	neg.	neg.	neg.	neg.	neg.	neg.	neg.	neg.	neg.
10	neg.	neg.	pos.	neg.	neg.	neg.	neg.	pos.	neg.	neg.	neg.	neg.	neg.	neg.
11	pos.	pos.	neg.	neg.	neg.	neg.	neg.	pos.	pos.	neg.	neg.	pos.	neg.	neg.
12	pos.	pos.	neg.	pos.	neg.	neg.	neg.	pos.	pos.	neg.	pos.	neg.	neg.	neg.

Tabelle 4a : Häufigkeitsverteilung der Reaktion des gekreuzten Extensor-Flexor-Reflexes an den Vordergliedmassen

Reaktion	Gekreuzter Extensor-Flexor-Reflex vorne links							Gekreuzter Extensor-Flexor-Reflex vorne rechts						
	Tag 1	Tag 2	Tag 7	Tag 14	Tag 21	Tag 28	Tag 42	Tag 1	Tag 2	Tag 7	Tag 14	Tag 21	Tag 28	Tag 42
positiv	11	12	10	10	11	11	9	11	11	11	8	11	9	10
negativ	1	0	2	2	1	1	3	1	1	1	4	1	3	2

Tabelle 4b : Häufigkeitsverteilung der Reaktion des gekreuzten Extensor-Flexor-Reflexes an den Hintergliedmassen

Reaktion	Gekreuzter Extensor-Flexor-Reflex hinten links							Gekreuzter Extensor-Flexor-Reflex hinten rechts						
	Tag 1	Tag 2	Tag 7	Tag 14	Tag 21	Tag 28	Tag 42	Tag 1	Tag 2	Tag 7	Tag 14	Tag 21	Tag 28	Tag 42
positiv	8	9	5	4	2	2	1	9	8	6	4	2	2	0
negativ	4	3	7	8	10	10	11	3	4	6	8	10	10	12

Tabelle 5 : Reaktion des Drohreflexes[a] bei 12 gesunden Kälbern

Kalb	Drohreflex am linken Auge							Drohreflex am rechten Auge						
	Tag 1	Tag 2	Tag 7	Tag 14	Tag 21	Tag 28	Tag 42	Tag 1	Tag 2	Tag 7	Tag 14	Tag 21	Tag 28	Tag 42
1	3	3	3	1	1	1	1	3	3	3	1	1	1	1
2	2	2	1	1	1	1	1	2	2	1	1	1	1	1
3	3	3	2	2	2	1	1	3	3	3	3	1	1	1
4	3	3	3	1	1	1	1	2	2	2	1	1	1	1
5	3	3	3	2	1	1	1	3	3	3	2	1	1	1
6	3	3	3	2	1	1	1	3	3	3	2	1	1	1
7	3	3	3	3	2	2	1	3	3	3	3	2	2	1
8	3	3	3	2	1	1	1	3	3	3	2	1	1	1
9	3	3	3	1	1	1	1	3	3	3	2	2	1	1
10	3	3	3	2	2	1	1	3	3	2	2	2	1	1
11	3	3	3	3	2	1	1	3	3	2	2	2	1	1
12	3	2	2	1	1	1	1	3	3	3	2	1	1	1

[a] 1 = Drohreflex positiv
2 = Drohreflex inkonstant/unvollständig
3 = Drohreflex negativ

www.ingramcontent.com/pod-product-compliance
Lightning Source LLC
Chambersburg PA
CBHW020835210326
41598CB00019B/1908